JN093016

中小企業の国際化

「内なる国際化」から「複数国展開」へ

弘中史子・寺澤朝子
Hironaka Chikako + Terazawa Asako

［著］

中央経済社

は し が き

　本書は，日本の中小企業，なかでも機械・金属産業の製造業を中心に，その国際化のありかたを問うものである。

　そもそも，われわれが中小企業の海外進出に関心を抱くようになったのは，著者の一人である弘中が滋賀大学在職時に，在外研究でマレーシアに滞在したことがきっかけである。

　マレーシアは，韓国・台湾に続いて日本企業が早期に進出した地域で，その歴史は1960年代に遡る。1980年代までに大手電子・電機メーカーの多くが生産拠点を設け，サプライヤーである中小企業の進出も増えてきた。しかし弘中が滞在した時期は日本からの直接投資が減少傾向で，大手メーカーの中には生産拠点を大幅縮小しているケースもあった。経済発展にともない，マレーシアの人件費等も高騰したことから，中小企業によっては撤退という選択肢を選ぶ企業も珍しくなかった。

　一方で，中小企業のなかには，マレーシア生産拠点を存続させることを選択し，新規顧客開拓に注力して多様な販売先を確保し，たくましく生き残っているケースがいくつも見受けられた。マレーシアに拠点があることで商機をつかみ，日本本社の販売縮小を補って余りある業績をあげ，企業としての成長を実現している企業も珍しくなかった。これらのケースは，技術力が高いから生き残ることができたという理由だけでは説明できないように思われた。現実を目のあたりにしたことで，こうした中小企業のたくましさ，強さの背景・原動力を探りたいという思いに駆られるようになった。

　また，マレーシアへの進出歴が同じように長い企業でも，日本人駐在員による現地従業員への評価が大きく異なることにも関心をおぼえた。「遅

刻，欠勤が多く，定着率が低い」「何度注意しても同じミスを繰り返す」
「日本人駐在員がいないと仕事が進まない」という不満を持つ駐在員がい
る一方で，「マレーシア拠点の品質は日本と較べても良好である」「現地従
業員が優秀である」「定着率がよい」という企業もあった。そして後者の
場合には，現地従業員への権限委譲が進み，品質が安定しているばかりか，
現地での新規顧客開拓も進んでいるように見受けられた。そして，マレー
シアでのパフォーマンスが高い中小企業は，日本本社でも従業員の国際意
識が高く，それが今後活躍する駐在員の育成につながっているようにも思
われた。さらに，マレーシアで生産拠点の運営に成功した中小企業のなか
には，第三国への海外生産に積極的に乗り出す企業も目立った。

　このような背景から，われわれはマレーシアで本格的に共同で現地調査
をおこなうようになった。弘中はもともと技術マネジメントを，寺澤は経
営組織論を専門としていたことから，互いの知見を活用することで，中小
企業の技術力と組織力向上のための施策を新たな側面から提案できるので
はないかと考えた。

　やがて調査の範囲はタイやインドネシア，フィリピン，ベトナムといっ
た他の ASEAN にも広がった。とりわけ注力したのがベトナムでの調査
である。近年，日本の中小企業の進出が盛んになったベトナムでは，日本
本社で国際意識が高まったことがきっかけで，ベトナムでの生産拠点設立
につながったケースをいくつか観察することができ，本書で取り上げる
「内なる国際化」への問題意識が深まっていった。

　調査の過程では，多くの中小企業にご協力をいただいた。日本本社での
調査はもちろんのこと，海外生産拠点をご紹介いただき，場合によっては
何度も訪問させていただいた。とりわけ株式会社伊藤製作所，エイベック
ス株式会社，大野精工株式会社，株式会社キメラ，株式会社三共製作所，
株式会社中農製作所のみなさまには，調査にご協力いただくとともに，中

小企業の国際化に関わる現状や課題に関する貴重な示唆を，継続的にいただいた。他にも数多くの中小企業にご協力いただいた。すべての社名をここであげることはできないが，心よりの謝意を表したい。

マレーシアでの現地調査は，プトラ・マレーシア大学の Zariyawati binti Mohd Ashhari 先生，テナガ・ナショナル大学の Norashidah binti Md Din 先生，Rusinah binti Siron 先生，Vathana Bathmanathan 先生，Chong Pui Yee 先生，マレーシア科学アカデミーフェローで元テナガ・ナショナル大学教授の Zainal Ahmad 先生にご支援いただいた。

ベトナムでの現地調査は，山田和代滋賀大学教授と共同でおこなった。山田和代教授は現地で在外研究のご経験があり，ベトナム社会にも通じておられるだけでなく，ご専門の労働史やジェンダー論のお立場からも示唆に富むお話をいつも聞かせてくださった。調査の背景となるベトナムの政治経済や社会環境の理解を深めることができたのは彼女のおかげである。

中小企業の国際化に造詣が深い足立文彦金城学院大学名誉教授，三井逸友横浜国立大学名誉教授，渡辺幸男慶應義塾大学名誉教授，寺岡寛中京大学名誉教授には，本書での研究について学会等で報告するたびにご助言をいただくと同時に，いつも励ましていただいた。

岸田民樹名古屋大学名誉教授，山田基成名古屋大学名誉教授，林伸彦愛知学院大学教授，辻村宏和中部大学教授，内藤勲愛知学院大学教授，涌田幸宏名古屋大学准教授，安藤史江南山大学教授，大田康博駒澤大学教授，許伸江跡見学園女子大学教授，関智宏同志社大学教授，遠山恭司立教大学教授，額田春華日本女子大学准教授，濱田知美中京大学准教授には，日頃から研究の相談にのっていただき，いつも的確なご助言をいただいている。

また，著者の一人である弘中が学部・大学院でご指導を賜った故小川英次先生（学校法人梅村学園名誉理事長・名古屋大学名誉教授），大学院在学時から学会活動をともにしてきた故川名和美高千穂大学教授にも心から

感謝したい。

　本書は，独立行政法人日本学術振興会の科学研究費補助金による研究成果の一部である[1]。また本書の刊行についても，2023年度科学研究費補助金（研究成果公開促進費，23HP5120）の助成を受けることができた。記して感謝したい。

　なお，本書の刊行にあたっては，株式会社中央経済社の納見伸之編集長に大変お世話になった。著者らの執筆で至らぬところをきめ細やかにご助言いただいたことに心からの謝意を表したい。

　本書の第3章から第8章は以下の論文がベースとなっている。本書を執筆するにあたって，内容の大幅な加筆や修正をはじめ，新たな知見が加わっていることを付言する。なお，本書で取り扱ったインタビュー調査やアンケート調査の内容は，すべて調査時点のものとなっている。

〈初出一覧〉

第3章

　弘中史子・寺澤朝子（2022）「中小企業における「内なる国際化」と社員の国際意識向上に関する試論」『彦根論叢』No.430. pp.74-87.

第4章

　弘中史子「中小製造業における外国人活用—技能実習生の戦略的な受入プロセスに着目して」（2022）関智宏編著『中小企業研究の新地平』同友館, pp.170-190.

1　2014年度−2017年度 JSPS 科研費基盤研究（C）（課題番号26380503）「グローバル時代における中小企業の技術力と組織力発揮のマネジメント」（研究代表者：弘中史子，研究分担者：寺澤朝子），2017年度−2021年度 JSPS 科研費基盤研究（C）（課題番号17K03873）「中小企業の国際競争力向上—複数国進出による市場開拓と内なる国際化の進展—」（研究代表者：弘中史子，研究分担者：寺澤朝子）

第 5 章

弘中史子（2021）「『内なる国際化』と海外生産」日本中小企業学会論集第40巻 , 同友館 , pp.97-110.

第 6 章

弘中史子・寺澤朝子（2020）「海外生産で成長する中小企業の組織マネジメント」『日本政策金融公庫論集』第48号 , pp.37-61.

第 7 章

弘中史子・寺澤朝子（2022）「日本人駐在管理者と現地従業員間のコミュニケーションに関する一考察」『日本経営学会誌』第49号 , pp.36-45.

第 8 章

弘中史子（2018）「中小企業の海外生産と顧客開拓」『日本中小企業学会論集』第37巻 , 同友館 , pp.17-30.

第 9 章

弘中史子（2020）「中小製造業のマレーシア進出と複数国展開」前田啓一・塩地洋・上田曜子（編著）『ASEAN における日系企業のダイナミクス』晃洋書房 , pp.119-134.

目　次

はしがき

4

第　　　　1　　　　章

本書の目的と問題意識

1-1 本書の問題意識

本書は，中小企業の国際化に関する現状と課題をふまえ，今後のあるべき姿を明らかにするものである。特に製造業に属する機械・金属産業を対象とし，企業の国際化の中でも海外での「生産・販売活動」と，国内拠点の「内なる国際化」に焦点をあてて議論を進めたい。

本書で研究対象とした機械・金属産業は，輸送用機械，工作機械，電気機械，情報機器などの業種で構成される日本のリーディング産業である。これらの産業分野で，中小企業はサプライヤーとして重要な役割を歴史的に果たしてきた。競争力のある産業であるがゆえに企業の国際化も早くから進展しており，大企業においては1980年代からすでに海外生産拠点の本格的な展開がみられた。そのサプライヤーである中小企業もその影響を免れなかったといえる。

企業の国際化の形態としては，大きく輸出，海外生産，その他に分けられるが，浅川は，次のように分類している（浅川，2003）。まず，輸出には輸出代行業者に任せる間接輸出と生産業者が自社製品を自ら輸出する直接輸出がある。本国における生産コストや輸送コストが膨大になると，海外生産に踏み切る会社が多くなる。海外生産にもいくつかパターンがあり，現地企業を買収する方式や，自社が一から立ち上げて生産する完全所有子会社形式，現地企業との合弁等で複数企業により所有される企業を設立する合弁方式もある。また，海外企業に生産委託し，販売に関して自社が責任を持つ方式もある。その他にはライセンシングやフランチャイジングがあるが，本書では言及しない。本書で扱う海外展開は生産・販売活動を対象としており，原則として独資を想定して論を進めていく。

企業の海外進出には，一連の発展段階があるという考え方が一般的に

なっている。発展段階説では，それぞれの研究者によって異なった段階が設けられているが，おおむね次のパターンで国際化は進むと考えられる（Johanson & Wiedersheim-Paul, 1975；Dunning, 1993）。

第1段階：間接輸出
第2段階：直接輸出（海外での自社販路の開拓，現地販売子会社設立）
第3段階：現地生産（部品の現地組み立て，生産）
第4段階：現地生産（新製品の現地生産）
第5段階：地域・グローバル統合

　本書で研究対象としている機械・金属産業では，大企業である完成品企業の製品に，中小企業の部品・ユニットが組み込まれるかたちで，第1段階の輸出がなされてきた。そして第2段階では，大企業の生産拠点に輸出というかたちで部品・ユニットを納入し，中小企業も自らの生産拠点を設立する第3段階以降のパターンへ進行するケースが多かったと考えられる。国際協力銀行によれば，日本の製造業の海外生産比率は32.9％となっている（国際協力銀行, 2021）。特に早くから海外生産が進んだ電機・電子産業においてはその比率は41.8％，自動車では40.1％にのぼるという。この調査対象には資本金3億円未満の中小企業が23.3％を占めており，先述したパターンにおける第4段階以降，つまり現地生産開始後についての研究がさらに必要になってきたと推察される。
　中小企業の国際化が歴史的に長いにもかかわらず，本書で改めて中小企業の国際化について議論するのは，下記のような問題意識を持っているからである。
　第1に，国内でしか事業を展開していない中小企業においても，国際化を考える時期に来ているからである。既存研究では，国際化というと，上述のように輸出や海外拠点の設立など，外に出ていく国際化を中心に議論

されてきた。一方で，日本国内では外国人労働者の数が急激に増えている。厚生労働省（2022）によれば，2010年には約65万人であったが，2022年には182万人を超えている。同時に，国内での労働力不足は慢性化しており，特に中小企業にとっては採用したくてもできない状況で，労働力不足は深刻な課題となっている。そのため，現在は大企業だけでなく中小企業においても外国人従業員を雇用することが増えており，事業展開を国内のみで考えている企業であっても，職場の国際化を検討する時期にきているのである。本書では，日本国内における生産拠点に外国人労働者を受け入れ，職場を国際化していくプロセスを「内なる国際化」という概念を用いて検討する。

　国内生産拠点における「内なる国際化」は，将来「外に出ていく国際化」のレディネスを高めることにつながる可能性がある。自ら輸出を手がけたり海外生産拠点を展開していなくても，製品を納めている顧客企業は海外展開しているというケースは珍しくない。また取引先や製品の納入先が海外資本の企業ということもありうる。内なる国際化によって，国内生産拠点のマネジャーや従業員の国際意識を高めることで，グローバル市場の状況や海外展開している顧客の動向のより正確な理解につながる可能性がある。将来，必要にせまられて海外の生産拠点を展開する際にも，役立つであろう。

　第2に，中小企業の海外拠点，とりわけ生産拠点の運営における組織マネジメントについて，今一度詳細に検討する必要があると考えている。機械・金属産業では，高品質・低コスト・短納期のいわゆる高いレベルのQCD が求められる。現地の日本企業に製品を納入するために高いレベルが要求されるのはもちろんのことだが，納入する製品の種類によっては欧米企業やローカル企業の方がより高品質なレベルを要求することもあり，中小企業にとっては，自らの技術力を向上させる挑戦の機会にもなる。

　われわれは，海外に生産拠点を持つ中小企業を2014年から調査してきた
が，同時期に同じ国に進出した中小企業であっても，現地の生産拠点での
QCDの取り組みがうまくいっている事例とそうでない事例があることに
気づいた。その差はなぜ生じてしまったのであろうか。本書では，生産現
場の組織マネジメントがどのようにおこなわれてきたのかを現地従業員と
日本人駐在管理者間のコミュニケーションに焦点をあてて考察し，その疑
問を解き明かそうと試みた。

　第3に，機械・金属産業における中小企業の国際化の議論が，これまで
は「生産の国際化」のみにとどまっているのではないかという懸念を抱い
たことである。これまで機械・金属産業の中小企業による海外拠点展開で
は，生産拠点の運営のみが注目されがちであった。確かに，同産業の中小
企業の海外進出では，顧客である大企業の要請にしたがって，サプライ
ヤーとして進出するケースが多く，顧客に納入するための部品の生産を安
定させることに主眼がおかれていた。

　しかし，われわれの調査では，大企業の要請にしたがって，海外に進出
したはよいが，肝心の納入先である大企業の生産拠点が早々に撤退，もし
くは約束された生産量の受注が実現しない事例も多かった。その場合，簡
単に撤退できない中小企業は苦労して日本企業以外との取引を開拓したり，
現地や近隣諸国での展示会を通じて新たな取引先を発掘することで，海外
拠点の存続を図っていたのである。今後のグローバル市場における中小企
業の自立を考えるのであれば，「生産の国際化」に加え，「販売の国際化」
にも目を向ける必要がある。

　第4に，グローバル展開した大企業と同様に，中小企業であっても複数
国に海外拠点を持つケースが増えていることに着目した。大企業とは異な
る中小企業ならではのグローバル展開の経営戦略があることを明らかにし
たいと考えている。外に出ていく国際化は企業成長を促進するメリットが

あると同時に，さまざまなリスクにも対処していく必要がある。

　たとえば進出国のカントリーリスク，自然災害や政治体制の変化，インフラへの不安である。進出当初は優遇措置があっても，それが時とともに変化し，より厳しい経営環境におかれることもある。経営資源に制約のある中小企業にとって，唯一進出している国でそうしたリスクが現実化した場合に，打撃はかなり大きくなる。日本本社自体も危機的な状況に陥りかねない。リスクを分散し，進出した国ごとに特性を活かした機能分担ができるのであれば，中小企業ならではの複数国展開が考えられる。実際，われわれが調査した企業には，最初に進出した国である程度実績を積み上げたのち，その際のノウハウを活かして，新たな海外進出を実現していたところも多かった。

　以上の4点の問題意識にもとづき，本書では中小企業の国際化の現状とあるべき姿を体系的に記していきたいと考えている。

1-2　本書の特徴

　前節で紹介した問題意識にもとづいて分析・考察していることから，本書は以下のような特徴を持つ。

　第1に，これまであまり議論されることのなかった国内生産拠点を対象にした国際化を論じている。直接投資で海外に拠点を持つことだけが国際化ではなく，グローバル経済のなかでは，ドメスティックな中小企業においても国際化（内なる国際化）が必要であることを主張した。また，国内生産拠点を国際化する試みに取り組むことで，その後の海外展開（外に出ていく国際化）が円滑に進むことも示したい。

　第2に，中小企業の国際化を組織面と戦略面から論じていることである。

中小企業の海外生産拠点の既存研究では，あまり論じられることのなかった海外での中小企業の組織マネジメントについて考察している。日本の中小企業の技術水準が高いことはよく知られている。しかしその技術力を発揮するためには，組織マネジメントが円滑に遂行されていることが不可欠である。資源に制約のある中小企業がいかにして日本人駐在管理者を現地に派遣し，進出した国で現地人材を採用・育成しつつ，コミュニケーションにおいてどのような工夫をしているかについても，調査を通じて紹介したい。

　他方，中小企業の国際化戦略については，これまでは完成品メーカーとの関係維持・構築であったり，生産面を軌道に乗せるための運営に焦点があてられることが多かったが，本書では「販売面」における中小企業独自の戦略が必要であることを強調している。国内市場が成熟化するなかで中小企業が成長するためには，日本企業だけを顧客にするのではなく，進出国のローカル企業や近隣の諸国を含め世界中の企業を顧客にすることで，技術力向上の機会を生み出し，グローバル経済で生き残りを図ることが期待される。

　第3に，中小企業ならではの強みを活かした複数国展開を見据えていることである。中小企業の「外に出ていく国際化」の行き先は，今や1カ国にはとどまらない。中小企業は経営資源には制約があるが，その機動力や臨機応変な対応，人的ネットワークを活かし，大企業の多国籍展開とは異なるかたちで，国際化を効果的に進められる可能性がある。海外進出の経験を蓄積し，新たな国への進出ノウハウが習熟するにつれ，複数国に展開して自然災害リスクやカントリーリスクを低下させられる可能性がある。

　第4に，ASEAN の中で，マレーシアとベトナムという特徴的な国に着目していることである。日本の中小企業の現在の海外進出先は，主にASEAN となっている。そのなかでも，マレーシアは30年ほど前から日本

企業の進出が進み，中小企業の現地生産拠点の歴史も長い。1人あたりGDP が高く，先進国入りが目前になっているなど著しく発展していると同時に，進出している中小企業の「販売の国際化」が進んでいる国であるといえる。一方，ベトナムは，近年経済成長がめざましく，日本から進出する中小企業が急激に増えた国である。また日本で働く技能実習生の送り出し国としても最大の国であり，「内なる国際化」と「外に出ていく国際化」の接点を観察することで有用な知見を得られる可能性がある。

　第5に，研究手法として質的分析と量的分析の双方からアプローチし，中小企業の国際化を立体的に描写しようとしていることである。本書の研究を開始するにあたっては，中小企業の国際化の実態を把握するために，まず中小企業の国内拠点および海外拠点での経営者や海外事業展開の責任者を対象にインタビュー調査を重ねた。その後，中小企業で働く従業員を対象とし，国内拠点の従業員，海外拠点の日本人駐在管理者・現地従業員に対するアンケート調査もおこなった。合わせて，1つの企業に対して，数年の間隔を空けて複数回のインタビュー調査も実施している。このように，本書では質的分析と量的分析のそれぞれの分析結果，およびそれらを組み合わせて明らかになった研究成果によって中小企業の国際化を詳らかにしたいと考えている。

1-3　本書の構成

　本書は9つの章で構成されている。

　本章に続く第2章では，まず中小企業の国際化の歴史をふりかえるとともに，現時点での中小企業の国際化の状況を捉える。さらに中小企業の国際化に関してこれまでどのような研究が展開されてきたかを概観する。

　第3章では，国際化の準備段階として，国内拠点の国際化，つまり「内なる国際化」に着目して論を進めていく。具体的には，国内拠点で働く従業員の国際意識の向上について検討する。海外展開していない企業であっても，経済のグローバル化に鑑み，国際化を睨んで準備を進めておくことは有用であろう。そこで，「産業観光」という工夫で外国人観光客と従業員の接点を持った企業を取り上げ，従業員へのアンケート調査をもとに，いかに社内の国際意識が向上したかについて考察する。

　続く第4章では，外国人従業員の国内拠点での雇用に着目し，技能実習生への日本での生活と仕事における習熟プロセスのサポートという観点から，中小企業の「内なる国際化」を議論する。国内の労働力不足で外国人技能実習生を雇用する中小企業が増えるなか，単なる労働力の補填ではなく生産現場の技能維持を実現していくためにどのような施策が求められるかについて，技能実習生を送り出す送出機関と受け入れる監理団体を絡めて議論する。

　第5章では，「内なる国際化」の試みを充実させることが「外に出ていく国際化」，つまり海外進出につながりうることを明らかにする。外国人従業員を国内で雇用し，「内なる国際化」が進展していった結果，社内で国際意識が高まり，やがて海外拠点の設立につながった事例を取り上げる。また，日本拠点と海外拠点が相互補完関係にあることで，各拠点の成長だけでなく企業全体としての成長につながる可能性があることを描く。

　第6章からは，中小企業の海外生産拠点に着目する。中小企業のマレーシア生産拠点を取り上げ，日本人駐在管理者と現地従業員を対象に実施したアンケート調査の結果を紹介する。日本人駐在管理者と現地従業員が仕事の進め方やコミュニケーションについてどのような認識を持っているのか，両者にどのようなギャップがあるのかを明らかにする。後述するようにマレーシアにはかなり古くから日本企業が進出し，本書での調査対象と

なった企業も進出後20年を超えた企業がほとんどである。それにもかかわらず、日本人駐在管理者と現地従業員にはさまざまな認識の差異があり、円滑なコミュニケーションに苦労している企業も多い。こうした状況は、日本企業の得意とするものづくり、たとえば5Sやカイゼンなど現場力を発揮する上で障害となっている。

　第7章では、第6章でのアンケート調査結果の分析とインタビュー調査の結果を組み合わせることで中小企業の海外生産拠点の現状を浮き彫りにし、海外生産拠点の円滑なコミュニケーションを実現する組織マネジメントモデルを提示する。具体的には中小企業の海外生産拠点におけるマネジメントを成功させるための日本人駐在管理者と現地従業員とのコミュニケーションのありかたを、スキーマ・メタ認知の概念によって解釈、分析する。職務に関する認識が異なる国において、現地従業員とのコミュニケーション不足を解消し、ミスコミュニケーションを減らすためには、「手続きスキーマ」「役割スキーマ」「言語スキーマ」における日本人駐在管理者のメタ認知獲得という内的行為が重要となる。その内的行為にもとづき日本人駐在管理者が現地での管理手法を工夫し試行錯誤することで、現地従業員も徐々に日本的な職務に関する認識（メタ認知）を獲得し、彼／彼女らの外的行為の変化がみられることで、経営全般への良い影響がもたらされる。

　第8章では、中小企業の販売の国際化に着目する。海外生産拠点の設立は、実は生産に限定されるのではなく、販売力強化にも大きな役割を果たしうることを主張する。これまでの日本の中小企業は、海外拠点を生産拠点として活用する傾向が強く、販売先は日本企業、なかでも国内ですでに取引している業種に限られていた。しかしながら海外生産拠点で販売力を強化することで、これまで手がけてこなかった異業種や海外企業との取引につながり、企業成長に大きく貢献する可能性がある。また、販売の国際

化を実現するには，日本本社や日本の生産拠点の「内なる国際化」や，海外拠点での現地従業員の育成，現地管理者への権限移譲が有効であることを示したい。

　第9章では，中小企業ならではの国際化のありかたについて議論する。経営資源に制約のある中小企業ではあるが，大企業に比して国際化を進めるにあたって優位な点も多々ある。それらを総括するとともに，今後ますます増えていくであろう中小企業の複数国展開の可能性を提示したいと考えている。

　第2章以降の構成をまとめたものが，図1-1である。

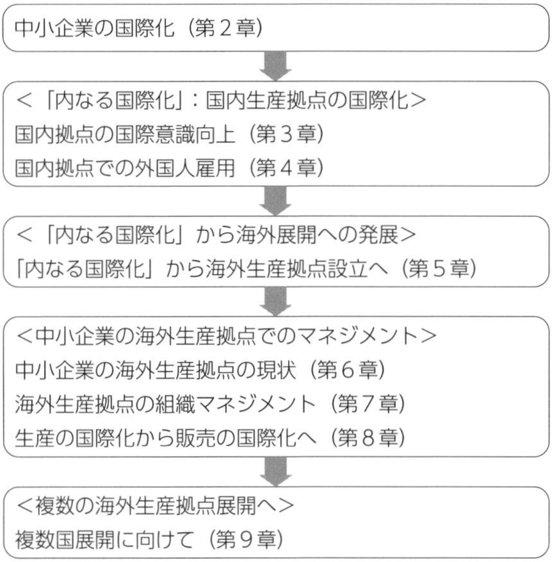

中小企業の国際化（第2章）

＜「内なる国際化」：国内生産拠点の国際化＞
国内拠点の国際意識向上（第3章）
国内拠点での外国人雇用（第4章）

＜「内なる国際化」から海外展開への発展＞
「内なる国際化」から海外生産拠点設立へ（第5章）

＜中小企業の海外生産拠点でのマネジメント＞
中小企業の海外生産拠点の現状（第6章）
海外生産拠点の組織マネジメント（第7章）
生産の国際化から販売の国際化へ（第8章）

＜複数の海外生産拠点展開へ＞
複数国展開に向けて（第9章）

図1-1　本書の構成

第2章

中小企業の国際化

2-1　日本の中小企業の国際化

　国際化とは，「国境を越えたビジネスを行うようになること」を指す（米田ほか，1997）。浅川（2003）によると，国際化とグローバル化の意味は次のような違いがあるという。国際化（internationalization）は，国内から海外へと活動舞台を拡大・進出することを指すのに対し，グローバル化（globalization）は世界規模で経済経営活動の相互依存化が進んだ状態を意味する。

　企業が国際化する際にはさまざまな問題を克服しなければならないが，自国と進出国との差異に関するものとして，Ghemawat（2001）のCAGEフレームワークを紹介しておこう。CAGEとは，Cultural distance（文化的隔たり），Administrative and political distance（制度的・政治的隔たり），Geographic distance（地理的隔たり），Economic distance（経済的隔たり）の4つの頭文字をとったものである（大木，2017）。

　まず，文化的隔たりとは，言語，民族，宗教，慣行，嗜好などの違いである。われわれ自身が海外旅行でも感じられる違いである。たとえば，本書で研究対象としたマレーシアは，イスラム教を国教としているため，生産拠点を作る際にお祈りの場を設置したり，食事をハラール対応にしたりするほか，ラマダンの時期に配慮が必要であった。制度的・政治的隔たりとは，法律，外資規制，税制，労使関係などの違いである。マレーシアはブミプトラ政策をとっているため，マレー系をはじめとした先住民族の優遇政策が定められる一方で，外国人労働者を比較的雇用しやすい環境にある。地理的な隔たりとは，物理的な距離，時差，気候の違い等である。直接会わなければ信頼できないし取引もできないということであれば，物理的距離は大きな問題となる。最後の経済的隔たりとは，購買力（国民1人

あたりの所得），インフラの整備状況，教育や技術の水準，天然資源・人的資源・資金・情報の利用しやすさの違いなどを指す。ASEAN の国々は急速に経済発展が進んでいるが，電力等の供給については，いまだに不安定なこともある。たとえば，タイなどでは瞬間停電が起こることを前提とする必要があり，停電が起こった際は，加工中の部品を取り除き，加工をやり直すなど，日本では想定していないような臨機応変な対応が必要であった。

　もちろんこうした隔たりは不利なことばかりではない。うまく活用すれば強みに変えることも可能である。海外で成功している中小企業は，さまざまな隔たりに巧みに対処していることは間違いないであろう。

　中小企業の国際化の歴史は，戦後に遡る。労働集約型工業の発達，政府の機械工業製品の輸出振興策によって，中小企業の関心は海外に拡大した（中小企業基盤整備機構, 2014）。1950年代前半からはミシンや双眼鏡などの軽機械の産業が輸出産業として発展した（黒瀬, 2022）。

　本書で対象とするような海外拠点設立に代表される直接投資は，1970年代以降に目立つようになる。1973年のニクソンショックを契機とする変動為替相場への変更で円高が急激に進行したことから，大手企業は貿易摩擦を回避するかたちで海外に生産拠点を設けるようになったのである。1970年代初頭に韓国での雑貨生産等がはじまり，1970年代後半には電機産業や繊維産業のアメリカやアジアへの進出が始まり，1980年代には電機産業を中心にアジア地域へのシフトが急加速する。

　そして海外直接投資の自由化が進むにつれて，大企業だけでなく中小企業も海外に拠点を設けるようになり，1986年の中小企業白書では，副題で初めて「国際化」が取り上げられる。

　1990年代以降も中小企業による海外拠点の設立は増加している。現時点で入手できる最新データによれば，海外子会社を持つ中小企業は1997年に

は6.0％であったが，2016年には14.2％となっている（中小企業庁，2019）。これらの数値には販売子会社も含まれるが，生産子会社も相当あると推察できる。こうした状況下で，中小企業の新たな海外生産のモデルを検討することには一定の意味があると考えられる。

2‑2　中小企業の国際化と海外生産に関する既存研究

　中小企業の国際化に関する研究に目を転じると，1950年代後半から輸出が増加し，中小企業がその担い手となったことに対応して，1960年代からは中小企業の輸出に関わる研究が徐々に蓄積されていく（瀧澤・中小企業事業団中小企業研究所，1985）。

　しかし，本書が扱う海外拠点設立にからむ直接投資についての議論が増加したのは1980年代後半からである。中小企業，なかでも製造業が，コスト競争力のためアジア地域に進出するようになった時期にあたる（池谷，1988）。完成品メーカーを核にして部品，素材，下請の加工メーカーが一体となって海外進出するパターンは出てきたものの，この時点ではまだ親企業の海外生産にともなう下請中小企業の海外進出は限られていたことを指摘する研究が多い（中村・小池，1986；下請企業研究会，1986；河崎，1989）。いずれにせよ，完成品メーカーとサプライヤーである中小企業の関係と，その海外進出を結びつけて議論する研究が増えてきたといえる。

　1990年代には，中小企業の海外拠点設立に関する議論がさらに盛んになり，多様な角度から論じられるようになる（小川・中小企業総合研究機構，2003）。たとえば村上（1994）は，日本の中小企業が海外直接投資を通じて，アジアの経済発展に果たしうる役割を問い，進出企業の現地化が課題であると指摘しており，本書の問題意識と重なっている。足立（1994）は，

当時の中小企業によるアジア進出の成功の条件と失敗の原因を明らかにしており，現地のパートナーやキーパーソンを十分に時間をかけて探す必要があることなど，海外拠点設立時に特有の課題を指摘するとともに，成否を握るのは人的要因であることを強調している。本書で扱う組織マネジメントが，海外生産拠点において以前から課題とされていたことがうかがえる。

　またこの時期には，海外に進出する中小企業が増加したことから，サプライヤー構造，すなわち大企業と下請企業との関係とその変化に関わる研究成果も多くみられるようになった。

　渡辺（1997）は，日本企業の海外進出が大企業先行型を脱し，中小企業の進出が顕著になってきたことを受け，日本国内の生産分業や下請取引関係のありかたが変わる可能性を指摘している。中小企業金融公庫（2008）は，大手企業のグローバル調達方針に，中小企業がどのような供給体制を構築して対応しているのかという視点から，自動車部品業界を対象とした輸出と海外生産を扱っている。清（2016）は，グローバル化を中心とする経済動向のなかで，各地の自動車・同部品メーカーの対応について，特に中小企業に焦点をあてて分析している。

　2000年以降は，中国進出の研究が目立つようになった。90年代前半に急増した中国投資ブームが，再びこの時期に起こったためである。石原（2005）は，中小企業の中国進出における「投資先地域の選択」「人材育成の方法」「現地の社会文化等への対応」に着目し，海外進出で失敗を避けるための方策を論じている。丹下（2009）は，大手メーカーとサプライヤーである中小企業の中国での関係を分析し，大手自動車部品メーカーが中小サプライヤーの進出に際して手厚いサポートをおこなっている一方で，サプライヤーに改善努力を促す仕組みが構築できていないなど，日本国内での分業と中国での分業が異なっていることを指摘している。久保田

（2007）は，ASEANと中国に展開する中小企業の生産機能を比較し，「中核的な経営資源」を明確に区分しやすいか否かと，ブラックボックス的な生産工程があるかどうかの2軸で企業を分類し，タイプごとに生産機能の国際的配置が異なることを明らかにしている。渡辺ほか（2009）は，日本国内完結型から日本・中国・台湾といった東アジア広域での地域間分業に変化していくプロセスについて，自転車産業を対象として研究し，それらの産業集積が中小企業に与えた影響を考察している。

　2010年頃から目立つようになったのは，国内拠点と海外拠点の双方を射程に入れて，国際化の成果を検証する研究である。海外進出した日本企業が増加し，欧米諸国やASAEN，中国の生産拠点がかなりの数にのぼることが背景にあったため，あらためてその成果をふりかえる時期にきたと考えられる。たとえば天野（2009）は，東アジアとの国際分業に焦点をあてて，定量・定性的なアプローチから日本企業の東アジアへの進出を分析している。そして東アジアへの進出は国際的な成長の機会であるだけでなく，国際分業を通じて本国事業の再編と事業全体の効率化を図る転機になると示している。また，中小企業においても，海外展開している企業ほど国内で成長していることが指摘されるようになった（中沢, 2012；田口, 2013；浜松, 2013）。

　本書ではこうした研究成果を敷衍し，中小企業の国内生産拠点と海外生産拠点の双方を結びつけて企業の戦略を立体的に描こうとしている。なかでも国内拠点の国際化を「内なる国際化」という概念にもとづいて考察する。

2‑3　「内なる国際化」への着目

　「内なる国際化」は，海外進出などの外に出ていく国際化に対応して使われる用語であり，地域や学校・企業における外国人の受入のことを指している。日本企業がグローバル展開する際の組織上の課題については，海外拠点だけでなく本社も含めた課題であるという捉えかた自体は，かなり以前からなされていた。日本本社において，多様で異質な人材を活用するスキルを身につけなければ，海外拠点のみ現地化を進めようとしても限界があり，グローバルに活躍できる人材を抜擢し，彼らの能力を引き出すようなマネジメント体制を構築することはできないのである。

　1990年代には日本企業の国際化の課題として「内なる国際化」がすでに認識されていた（吉原, 1992）。日本企業が国際化を進展させる上で，本社のコミュニケーション・意思決定に外国人が参加していることが必要だと示唆されている（吉原, 1996）。

　しかし2000年代に入ってからも，日本企業の「内なる国際化」はあまり進展せず，日本本社で積極的に外国人を活用する必要性が再度指摘されている（寺本ほか, 2013）。つまり，「内なる国際化」は容易に実現できないのである。そのため，2010年代の後半に入ると，政策面においても，日本企業の競争力を向上させる手段として「内なる国際化」が注目されるようになった（経済産業省, 2016）。

　この「内なる国際化」は，海外に進出している企業はもちろん，未だ海外拠点を保有していない企業にとっても重要な課題であることを強調したい。第1に，国内の労働力不足は長期的に続く構造的な問題と考えられることから，日本人のみに依存した経営が難しくなる。第2に，本書で対象とするような機械・金属産業の場合，自社が海外進出していなくても，顧

客が海外進出しているケースは多い。顧客の経営方針を全社的に理解する上でも，自社の国際化を進めていく必要があろう。

　「内なる国際化」に着目するのは，グローバル化した経済において，海外進出する企業が増加しているにもかかわらず，日本企業の職場や日本的経営慣行が，外国人にとって日本で活躍するためのハードルとなり，有能な外国人が日本に定着しないという現状にも問題意識を持ったためである。

　たとえば，経済産業省による『内なる国際化研究会』報告書によると，日本にきた留学生は，83％が日本に住むことに魅力を感じているが，働くことの魅力については，51％が否定的な評価をしている。そして，外国人が期待する日本企業の変革として，キャリアパスの明示，昇格・昇給のスピードをあげること，役割・業務内容の明確化，長時間労働の改善といった点があげられている（経済産業省，2016）。

　今後の日本企業は，企業規模にかかわらず国内の拠点でダイバーシティが進み，外国人とともに働く機会が増えていくことは間違いない。特に海外からの技能実習生の受入や高度外国人材の雇用によって，国内においても国際理解力が必要とされ，職務における協力関係，信頼関係を構築する必要が出てきている（経済産業省，2016）。

　その際に，従業員が語学力を高めて，外国人従業員との円滑なコミュニケーションを実現することも必要であるが，それよりも重要なことは，文化的・宗教的背景が異なる相手を理解し，協力して職務を遂行するための国際意識の向上やグローバルリーダーシップであり，それらを実現する日本企業の「内なる国際化」が喫緊の課題となろう。そして，「内なる国際化」を分析するためには，人材・組織に着目せざるを得ないのである。

2-4　主たる研究対象とする国

　日本の中小企業の海外進出で近年大きな割合を占めているのが，ASE-
ANである。経済産業省の調査によれば，現地法人の数はアジアでは中国
の割合が低下する一方で，ASEAN10の割合が10年連続で拡大している[1]。

図2-1　マレーシアとベトナム

　　1　経済産業省実施の「第51回 海外事業活動基本調査概要（2021年7月）」による。ASEAN10
　とは，マレーシア，タイ，インドネシア，フィリピン，シンガポール，ブルネイ，ベトナム，
　ラオス，ミャンマー，カンボジアを指す。https://www.meti.go.jp/press/2022/05/2022053
　0001/20220 530001-1.pdf　（2022年6月28日閲覧）

ASEAN 各国のなかでも，本書では，主としてベトナムとマレーシアという2か国の生産拠点を研究対象としており，その理由も含めて紹介したい。

(1) ベトナム

ベトナムは，ASEAN の加盟国で，正式名称はベトナム社会主義共和国である。人口9,758万人であり，2021年時点では1,973社の日本企業が進出している。1人あたりの名目 GDP は3,756ドルとまだそれほど高くはない。しかし実質 GDP 成長率は，2020年は2.9％，2019年は2.6％と新型コロナウイルス感染拡大の影響を受けて低下したものの，2022年には8.0％と回復し，めざましい成長をとげている[2]。

本書でベトナムに着目するのは，第1に「内なる国際化」を考える上で，最適な国だからである。第4章で詳しく述べるが，年々国内の労働力不足が厳しくなるなかで，製造業では技能実習生の活用が進んでいる。厚生労働省（2022）によれば，ベトナムは技能実習生の出身国として最大である。ベトナム人は，中小企業が「内なる国際化」を進める上で，身近で有望な存在といえる。

第2に，「内なる国際化から外に向けての国際化のプロセス」も観察しやすい国である。第5章で取り上げるように，「内なる国際化」つまり社内にベトナム人を雇用したことがきっかけで，海外進出する中小企業が散見されるようになった。

第3に，進出経緯の独自性である。ASEAN のなかでもマレーシアやタイといった国に進出する金属・機械系の中小企業は，顧客の海外進出に追

2　日本貿易振興機構「ベトナム　概況・基本統計」より。https://www.jetro.go.jp/world/asia/vn/basic_01.html　（2023年5月15日閲覧）。

随するかたちで海外生産を開始したケースが目立った。これらの国への進出と比較して，ベトナムに進出する中小企業は，比較的規模の小さな企業が自らの意思で海外進出を決定し，初めての進出先としてベトナムを選ぶ傾向にあった[3]。ベトナムは，ASEAN のなかではシンガポール・マレーシア・タイ・インドネシア等の国と比較してまだ経済規模は小さいが，これからの発展が期待される国であり，日本企業の進出が急速に増加している（日本貿易振興機構, 2020）。

　つまり顧客の要請による海外進出ではなく，中小企業自らの意思での海外拠点設立を図るケースとしてベトナムへの進出は大いに参考になるとともに，これまでの日本の大企業先行型の中小企業の海外進出とは異なるモデル構築が可能になる。

(2)　マレーシア

　マレーシアも ASEAN 加盟国の 1 つで，人口3,267万人，日本企業は1,601社（製造業763社，非製造業823社，その他15社）が進出している[4]。1 人あたりの名目 GDP は，11,371ドル（2021年）で，ASEAN のなかでシンガポール，ブルネイに続き高い[5]。ASEAN のなかで早期に経済発展が始まった国である。

　本書でマレーシアを扱う第 1 の理由は，進出している日本の中小企業の歴史が比較的長いからである。1980年代から電機産業を中心に，日本の大企業がこぞって進出し，1990年代にはサプライヤーである中小企業の進出も増えた。そのため，進出している中小企業の組織マネジメントもある程

3　2019年 3 月27日実施の JETRO ホーチミン事務所でのインタビュー調査による。

4　日本貿易振興機構「マレーシア　概況・基本統計」より。https://www.jetro.go.jp/world/
asia/my/basic_01.html　（2023年 5 月15日閲覧）。

5　外務省アジア大洋州局地域政策参事官室「目で見る ASEAN － ASEAN 経済統計基礎資料
—（令和 4 年 9 月）」https://www.mofa.go.jp/mofaj/files/000127169.pdf （2023年 5 月15日閲覧）。

度実績が積まれ確立していると考えた。

第2に，中小企業の異文化マネジメントが鍛えられる地域だからである。マレーシアはマレー系，中華系，インド系を中心に少数民族で構成される多民族国家である。宗教もイスラム教，仏教，キリスト教，ヒンドゥー教などさまざまで，言語もマレー語，中国語，タミール語のほか，英語が広く普及している。このように多様なバックグラウンドを持つ従業員と仕事をすることは，日本人駐在管理者にとって難易度は高いが，この国で成功したマネジメント経験が，第9章で触れる複数国展開へとつながる可能性も大きい。

第3に，海外進出後の苦難をどう乗り越えるかという点において参考になる国だからである。マレーシアに進出した日本企業の多くはこれまで数々の不況や経済的困難を経験している。バブル崩壊，アジア通貨危機，リーマンショックに加えて，人口が3,000万人規模と少なく国内市場が限定されており，賃金も高騰したことから大企業の事業の撤退や縮小が続いた。経営資源に制約のある中小企業の存続は並大抵のことではない。数々の苦難を乗り越えて生き残っているマレーシア進出の中小企業の歴史は，今後の中小企業の国際化を考える上で参考になる。

第4に，他の東南アジア・南アジア諸国へのゲートウェイとなる地理的位置にあるとともに，隣国シンガポール同様にアジアの調達・販売拠点をおいている欧米系企業が多いため，日本の中小企業にとって世界の企業と取引できる多くのチャンスがある。そのため，マレーシアでは，第8章で取り上げる「販売の国際化」の模範的な事例を観察することができる。

第　　　　章

国内拠点の国際意識向上

3-1　はじめに

　グローバル化した経済において，日本企業が自らの企業のハード・ソフト面における強みを発揮して生き残り，さらなる発展を目指すために避けては通れないのが，従業員の国際意識の向上である。そして，国内拠点の従業員の国際意識向上は，海外に進出している中小企業にだけ求められるものではない。

　本書が対象とする機械・金属産業では，最終顧客は世界中に存在している。また国内においても外国人や外国にゆかりのある人々の数が増加してきた。それゆえに，多くの国から来た外国人と日本においていかに共生していくか，異質な文化を受容し協力関係をつくれるかといった国際意識の向上が課題と考えられる。

　海外に生産拠点を持っていない中小企業が「内なる国際化」を進める施策を考えるにあたり，本章では，国内拠点において海外から多くの工場見学客を受け入れている企業に着目している。異文化センシティビティ発達モデルをもとに，海外からの工場見学によって国内拠点の従業員の国際意識が向上し，自文化中心的段階から文化相対的段階へと変化するのではないか，という仮説を持ったからである。「内なる国際化」を海外からの工場見学によって実現する試みを研究対象とした論文は，管見の限り見当たらない。

　本章ではまず，異文化センシティビティ発達モデルにおける国際化に関する成長段階モデルを紹介し，文化相対的段階に至ることで日本企業が国際化を成功させられる可能性を示す（図3-1）。そのうえで，海外からの工場見学に関する独自のアンケート調査から，日本国内で「内なる国際化」を進める方策を明らかにする。

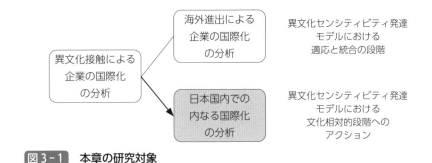

海外進出による
企業の国際化
の分析

異文化センシティビティ発達
モデルにおける
適応と統合の段階

異文化接触による
企業の国際化
の分析

日本国内での
内なる国際化
の分析

異文化センシティビティ発達
モデルにおける
文化相対的段階への
アクション

図 3-1　本章の研究対象

3-2　異文化センシティビティと工場見学に関する既存研究

(1)　国際化と異文化センシティビティの発達

　国際化に関する研究には，文化人類学や教育学，経営学など多くの分野からのアプローチがあるが，それらの研究のキーワードの１つが異文化適応である。日本人が外国人と何らかの関わりを持つ異文化接触が起きると，さまざまな課題に直面する。そこで経験するカルチャーショックから徐々に心理的平穏状態を取り戻すのが，異文化適応である。自明のことであるが，企業の国際化においても異文化適応が必須である。この異文化適応に関しては，異文化コミュニケーション研究において複数のモデルが提唱されている。

　たとえば，Kim（2000）の主張する「ストレス・アダプテーション・成長モデル」では，異文化との接触において人がストレスを経験すると，心理的均衡状態を維持しようとして適応が進むが，新たに経験するストレスにより適応度が下がる。こうした前進と後退のサイクルの連続として異文化適応プロセスが進むという。異文化適応には，同時にストレス対応力と

いう心理的成長があると考えられている。

　またBerry et al.（1989）らは，人が認知・態度・行動面において異文化に近づいていく変化をアカルチュレーションと呼び，自文化と異文化のそれぞれに対して，どのような態度をとるか，という観点から4つの型に分類し，自文化の維持・アイデンティティと異文化への適応・アイデンティティの双方が高いレベルに到達することを「統合」と呼び，もっとも望ましいとしている。

　同様に，Bennett（1986）は異文化センシティビティ発達モデルを提唱し，異文化接触を，自文化を相対化し異文化を受容する成長のプロセスと捉え，「統合」を最終段階としている（図3-2）。

　図3-2で示したように，自文化中心的な初期の3段階では，①差異の拒否，すなわち異文化を拒否し受け入れない段階から，②変化に対する防衛，すなわち異文化に対し否定的な評価をし，自文化のやりかたに固執しようとする段階を経て，③差異の最小化，すなわち文化は違っても人間は皆同じというような自文化と異文化の違いを最小化する段階に至る。後期の文化相対的な段階では，④差異の受容，すなわち異文化の価値観やそれにもとづく行動の違いを理解し，その違いを受容できる段階から，⑤差異への適応，すなわち異文化におけるコミュニケーションスキルを発達させ，異文化でのものごとの進めかたを理解し，必要に応じて行動の調整もできるようになる段階へと進む。最後の⑥統合では，多文化人間となる段階，すなわち，複数の文化の視点から現象を解釈し，行動も調整できる。自文化を相対化し，異文化を理解し，両方の文化を俯瞰的に認識できる段階に至る。

　日本企業が海外進出先で現地従業員とともに働き，現地経営を円滑におこない，会社全体に貢献する業績を上げるためには，おそらく日本人駐在管理者が，異文化センシティビティ発達モデルの「差異への適応」「統合」

の段階に到達している必要があるに違いない。しかし，本章で研究対象とする海外からの工場見学による「内なる国際化」では，そこまではいかなくとも，「差異の受容」の段階，すなわち異文化の価値観やそれにもとづく行動の違いを理解し，その違いを受容できる段階に到達できるだけでも大きな成果だと考えられる（図3-3）。

図 3-2　異文化センシティビティ発達モデル（Bennett, 1986）

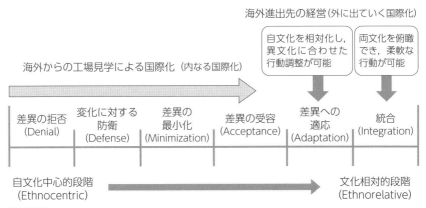

図 3-3　異文化センシティビティ発達モデルにおける「内なる国際化」の方向性

(2)　海外からの工場見学による「内なる国際化」

　グローバル化した経済において，日本の労働人口減少を背景に，外国人

従業員を多数抱える企業も増えている。もちろん日本に来た外国人従業員も，異文化センシティビティ発達モデルにもとづいて，ストレス対応力を身につけながら，日本の職場慣行に適応しようと努力し続けているであろうし，彼らを管理する日本人管理者も同様に，日本にいながら異文化適応の課題を抱えている可能性がある。また，グローバル展開している企業においては，社内言語を英語にすることで，海外から優秀な人材を獲得しようとしているところもみられるが，コミュニケーション技術を習得するだけでは異文化適応には不十分である。

　本章では，社内に異質なもの，自分とは違ったものを受け入れる態度，外国人と積極的に意思疎通を図ろうとする態度を醸成する手段として，海外からの工場見学の受入に注目したい。

　新型コロナウイルス感染拡大で2020年からしばらくは著しく落ち込んだが，日本におけるインバウンドツーリズムが，近年拡大しつつある。インバウンドツーリズムの新たな観光素材として関心が高まってきたのが産業観光で，工場見学もその１つである（小松, 2012）。産業観光とは，「産業文化財，生産現場，製品等を資源として，人的交流を促進する観光活動」であり，一般的な観光以上に，「人的交流」が重要な要素となっている（伊藤, 2014）。

　林上（2016）は，来日観光客の急増傾向が日本的文化特性の再評価を促しているという。日本に暮らす日本人なら当たり前と思っていることも，外国人には驚きの対象である。多くの精巧なロボットを駆使して生産する工業品から，職人が伝統的な技を用いて丁寧につくりだす工芸品に至るまで，遠路はるばる来日してまでも見る価値があると思われている。外国人旅行者の行動に触発されるように，日本人自身が製造業をはじめとする日本の大企業や中小企業の生産技術に注目するようになった。日本人であるがゆえに，日本で暮らしているがゆえに，自国の産業技術のすばらしさを

正当に評価できないというパラドックスが生まれたのである。しかし，国際社会から注目されることで，日本固有のユニークさの価値に日本人自身が気づき始めたのである。

　こうした潮流に乗って自社の工場見学を実施している企業は少なくないが，本章で取り上げる企業は，中小企業でありながら自社の生産現場の見学に外国人を多く受け入れ，日本の生産技術を学びたいと考える外国人と接する機会が数多くある稀有な会社である。同社の試みが従業員の国際意識にどのような影響を与えていたのか，そしてそれは「内なる国際化」にどのように貢献しているかを，われわれはデータを用いて検証することとした。

3–3　アンケート調査の概要

　本章で研究対象としたエイベックス株式会社は，愛知県に本社をおく従業員数471名，資本金1,000万円の製造業を営む企業である。自動車部品をはじめとした超精密・高速加工を強みとしている。

　アンケート調査に先立ち，まずわれわれは同社へのインタビュー調査を実施した[1]。同社は自社の工場見学を2018年からビジネスとして立ち上げている。営業職をしていた女性従業員が，海外にいる知り合いから日本の工場見学のニーズがあることを知り，自社のものづくりの現場に訪問してもらったことがきっかけである。

1　2020年7月1日12時から15時20分まで桑名先進工場にて生駒健二取締役，総務経理部門加藤美和グループリーダー，柘植大輝チームリーダーにインタビュー調査をおこなった。ついで2020年8月25日14時30分から15時30分まで，名古屋本社にて生駒健二取締役にアンケート調査に関するインタビュー調査とアンケート調査実施についての打ち合わせをおこなった。

　2019年の時点では，32か国から訪問客があり，月に20回のペースで受注があった。しかも無料ではなく，見学客は料金を払って見学している。また，ものづくりの現場を訪問する外国人に対して，改善活動を実際に体験してもらう3日間の実習コースもつくっており，実習後は同社の従業員と交流する機会も設けている。同社の社長は，毎日のように諸外国から見学者がやってくることが，自社の従業員の誇りになるとともに国際意識の向上につながることを願っている。また，社外においては，この海外からの工場見学ビジネスで同社の工場が立地している桑名市の産業観光のクラスター形成に貢献したいと考えている。本章では次の3点を検証することとした。

　第1に，多くの外国人見学客が来訪することによって，従業員の海外からの工場見学への肯定感が高まっているのか，という点である。同社社長が願っているように，多くの外国人見学客が来訪することによって，従業員の考え方が変わり，「さらに海外からの工場見学を発展させたほうがよい」と考えるようになっているのかを調査することとした。

　第2に，多くの外国人見学客が来訪することによって，自社の国際化への理解が高まるのかを調べることとした。調査実施時，同社ではまさに国際化に向けてインドネシアでの合弁事業に着手したばかりのタイミングにあった。従業員が海外進出に対して肯定的になれば，今後の海外事業においても好影響が期待できる。

　第3に多くの外国人見学客が来訪することによって外国人への理解が深まるのか，ひいてはそれが自社での外国人雇用への理解につながるのかを調査することとした。アンケート調査時点で，同社は外国人従業員を雇用しているが，従業員数に比して多いわけではない。つまりすべての従業員が外国人と日常的に接することができる環境にあるわけではない。海外からの工場見学によって，外国人雇用への理解が進めば，今後同社はさらに

「内なる国際化」を進めやすくなる。

　従業員の国際意識の向上を測定するために，前述の問題意識にもとづき，オリジナルの質問項目として「この会社は海外からの工場見学をより発展させたほうがよい」「この会社は外国人の社員をもっと雇用したほうがよい」「この会社は海外進出により積極的になったほうがよい」の3項目を設定した。これらは従属変数として扱う。

　独立変数に関しては，「従業員の国際意識の変化」「国際的な行動意欲」「海外からの工場見学が組織に与える影響に関する自己評価」を中心に質問項目を設定した。

　「従業員の国際意識の変化」に関しては，Yashima（2002）の質問を参考にした。"I want to participate in a volunteer activity to help foreigners living in the neighboring community.", "I want to make friends with international students studying in Japan.", "I would help a foreigner who is in trouble communicating in a restaurant and at a station." をそれぞれ，「海外からの見学者が増えてから，地域の外国人を世話するような活動に参加してみたくなった」「海外からの見学者が増えてから，私は外国人と友達になりたいと思うようになった」「海外からの見学者が増えてから，レストランや駅で困っている外国人がいれば進んで助けたいと思うようになった」と修正した。

　「国際的な行動意欲」については，同じく Yashima（2002）を参考にし，"I would talk to an international student if there is one at school." "I often read and watch news about foreign countries." "I often talk about situations and events in foreign countries with my family and/or friends.", をそれぞれ「私は社内に外国人がいれば，気軽に声をかけるほうである」「海外のニュースをよくみたり，新聞をよく読む」「この会社に関係のある海外のニュースや出来事について，上司や同僚と話す機会があ

る」に修正した。

　また "I'd rather avoid the kind of work that sends me overseas frequently." という項目を逆転させた上で修正し，「私は，海外出張に行ってみたい」という質問を設定し，さらに「私は，外国語を習得したい」というオリジナルの質問を追加した。

　「海外からの工場見学が与える影響に関する自己評価」の質問は，すべてオリジナルで作成した。自分の勤務先への影響については「海外からの工場見学は，この会社に良い影響を与えている」「海外からの工場見学は，自分の職場に良い影響を与えている」，自分自身のキャリアへの影響については「海外からの工場見学は，自分のキャリアに良い影響を与えている」という項目を設定した。また同社が中小企業で，従業員の多くが地元から雇用されていることを考慮し，「海外からの工場見学は，この地域に良い影響を与えている」という項目も設定した。

3‒4　アンケート調査の分析

(1)　調査の実施方法

　アンケート調査は，2020年12月から2021年1月にかけて実施した。新型コロナウイルス感染拡大について配慮し，質問紙の配布ではなく同社担当者からリンクを案内してもらうかたちでオンラインにて実施した。有効回答数は255名であった。

　回答の選択肢は，「強くそう思う」「ややそう思う」「どちらともいえない」「あまりそう思わない」「全くそう思わない」の5点尺度である。

　質問項目は，「内なる国際化」に関するものだけでなく，コロナ禍における社内のコミュニケーションや，人材育成についての項目も含まれてい

るが，ここでは「内なる国際化」に関する前述した項目について記載する。

　回答者属性は女性が159名，男性とそれ以外が96名，年齢は10代が3名，20代が43名，30代が78名，40代が79名，50代が43名，60代が8名，70代以上が1名である。回答者のうち正従業員は102名，正従業員以外が153名，役職者は37名，役職者なしが218名となっていた。

　コントロール変数については，性別・勤務形態・役職・年齢を用いた。性別については女性を1とする女性ダミー変数，勤務形態については正従業員を1とするダミー変数，役職については役職ありを1とするダミー変数を設け，年齢については20代から70代までで重み付けをおこなった。

　質問項目の一覧と回答の平均値は，表3-1のとおりである。

表3-1　質問項目と回答の平均値

質問項目	平均値	標準偏差
私は社内に外国人がいれば，気軽に声をかけるほうである	2.95	0.95
私は，外国語を習得したい	3.28	1.03
私は，海外出張に行ってみたい	2.56	1.11
海外のニュースをよくみたり，新聞をよく読む	2.93	0.96
この会社に関係のある海外のニュースや出来事について，上司や同僚と話す機会がある	2.39	0.91
この会社は外国人の社員をもっと雇用したほうがよい	2.92	0.80
この会社は海外進出により積極的になったほうがよい	3.07	0.78
海外からの工場見学は，この会社に良い影響を与えている	3.33	0.82
海外からの工場見学は，この地域に良い影響を与えている	3.31	0.82
海外からの工場見学は，自分の職場に良い影響を与えている	3.12	0.87
海外からの工場見学は，自分のキャリアに良い影響を与えている	2.82	0.89
この会社は，海外からの工場見学をより発展させたほうがよい	3.25	0.83
海外からの見学者が増えてから，私は外国人と友達になりたいと思うようになった	2.78	0.88
海外からの見学者が増えてから，地域の外国人を世話するような活動に参加してみたくなった	2.68	0.90
海外からの見学者が増えてから，レストランや駅で困っている外国人がいれば進んで助けたいと思うようになった	2.84	0.93

(2) 因子分析の結果

　まず，独立変数にあたる12の質問項目について探索的な因子分析を実施した（最尤法，プロマックス回転）。因子抽出の基準は固定値1以上に設定し，プロマックス回転は5回の反復で収束した。因子の負荷量が0.3以上を示す項目を1つの因子とした。その結果，3つの因子に分かれた。

　第一因子は，「海外からの見学者が増えてから，地域の外国人を世話するような活動に参加してみたくなった」「海外からの見学者が増えてから，私は外国人と友達になりたいと思うようになった」「海外からの見学者が増えてから，レストランや駅で困っている外国人がいれば進んで助けたいと思うようになった」「海外からの工場見学は，自分のキャリアに良い影響を与えている」「この会社に関係のある海外のニュースや出来事について，上司や同僚と話す機会がある」という項目がまとまったため，「国際意識の向上」と名付けた（$\alpha = 0.87$）。第二因子は，「海外からの工場見学は，この地域に良い影響を与えている」「海外からの工場見学は，この会社に良い影響を与えている」「海外からの工場見学は，自分の職場に良い影響を与えている」という項目がまとまったため，「組織への効果」と名付けた（$\alpha = 0.90$）。質問項目作成時には，「海外からの工場見学は，自分のキャリアに良い影響を与えている」の項目は，当初は，第一因子ではなく，第二因子に含まれると想定していた。しかし海外からの工場見学が与える自身のキャリアについての影響は，会社や職場・地域への影響というより，自身の意識の変化と親和性が高かったことから，第一因子に含まれたと考えられる。

　第三因子は，「私は，外国語を習得したい」「私は，海外出張に行ってみたい」「私は社内に外国人がいれば，気軽に声をかけるほうである」「海外のニュースをよくみたり，新聞をよく読む」という因子がまとまったため，「国際的な行動意欲」と名付けた（$\alpha = 0.73$）。第一因子の国際意識の向上

と比較すると，さらに行動レベルまで進展した要素と捉えることができる。

　因子分析の結果と，尺度間の相関関係を表したものが表3-2である。

表3-2　因子分析の結果（N=255）

	第一因子	第二因子	第三因子
海外からの見学者が増えてから，地域の外国人を世話するような活動に参加してみたくなった	**0.94**	-0.05	0.04
海外からの見学者が増えてから，私は外国人と友達になりたいと思うようになった	**0.87**	-0.02	0.06
海外からの見学者が増えてから，レストランや駅で困っている外国人がいれば進んで助けたいと思うようになった	**0.81**	0.00	0.07
海外からの工場見学は，自分のキャリアに良い影響を与えている	**0.56**	0.41	-0.21
この会社に関係のある海外のニュースや出来事について，上司や同僚と話す機会がある	**0.39**	-0.03	0.25
海外からの工場見学は，この地域に良い影響を与えている	-0.05	**0.94**	0.04
海外からの工場見学は，この会社に良い影響を与えている	-0.10	**0.91**	0.12
海外からの工場見学は，自分の職場に良い影響を与えている	0.12	**0.76**	-0.05
私は，外国語を習得したい	-0.13	0.05	**0.87**
私は，海外出張に行ってみたい	0.24	-0.08	**0.66**
私は社内に外国人がいれば，気軽に声をかけるほうである	0.12	0.09	**0.48**
海外のニュースをよくみたり，新聞をよく読む	0.21	0.08	**0.30**

因子相関	第一因子	第二因子	第三因子
第一因子	1.00		
第二因子	0.51	1.00	
第三因子	0.46	0.21	1.00

38

⑶ 重回帰分析の結果

　さらに，上記の因子分析の結果を用いて，重回帰分析をおこなった（表3-3）。

　従属変数は，「この会社は海外からの工場見学をより発展させたほうがよい」「この会社は海外進出により積極的になったほうがよい」，「この会社は外国人の社員をもっと雇用したほうがよい」，の3つである。独立変数としては，因子分析で明らかになった尺度に加えて，コントロール変数として正社員ダミー，女性ダミー，役職者ダミー，年齢を投入した。

　「モデル1：この会社は海外からの工場見学をより発展させたほうがよい」については，「組織への効果」（$\beta = .61$，　$\rho < .001$）が有意な正の影響を，「役職者ダミー」（$\beta = -.14$，　$\rho < .05$）が有意な負の影響を与えていた。

　「モデル2：この会社は海外進出により積極的になったほうがよい」については，「国際意識の向上」（$\beta = .19$，　$\rho < .05$），「国際的な行動意欲」

表3-3　**重回帰分析の結果（N=255）**

	モデル1：この会社は海外からの工場見学をより発展させたほうがよい		モデル2：この会社は海外進出により積極的になったほうがよい		モデル3：この会社は外国人の社員をもっと雇用したほうがよい	
	β	t	β	t	β	t
国際意識の向上	0.08	1.23	0.19	2.60*	0.27	3.67***
国際的な行動意欲	0.02	0.42	0.16	2.44*	0.21	3.30**
組織への効果	0.61	11.12***	0.34	5.38***	0.17	2.75**
正社員ダミー	0.10	1.08	-0.15	-1.41	0.15	1.46
女性ダミー	0.01	0.08	-0.08	-0.86	0.01	0.07
役職者ダミー	-0.14	-2.48*	-0.04	-0.65	-0.27	-4.21***
年齢	-0.07	-1.34	0.08	1.35	0.06	1.02
R^2		0.47		0.31		0.31
調整済み R^2		0.46		0.29		0.29

*$p < .05$, **$p < .01$, ***$p < .001$

（β = .16,　p <.05），「組織への効果」（β = .34,　p <.001），が有意な正の影響を与えていた。

　「モデル3：この会社は外国人の社員をもっと雇用したほうがよい」については，「国際意識の向上」（β = .27,　p <.001），「国際的な行動意欲」（β = .21,　p <.01），「組織への効果」（β = .17,　p <.01）が有意な正の影響を，「役職者ダミー」（β = −.27,　p <.001）が有意な負の影響を与えていた。

3-5　アンケート調査からの考察

　モデル1において，従業員の海外からの工場見学への肯定感には，「組織への効果」が強い正の影響を与えていた。自分の会社・職場・地域によい影響があると考えていることから，「この会社が海外からの工場見学をさらに発展させたほうがよい」という肯定感につながっていることが推察される。身近な外国人を支援したいと考える「国際意識の向上」や外国語を学びたいといった「国際的な行動意欲」の高まりによるのではなく，「海外の見学客に自社の工場見学が人気がある」という事実にもとづき，会社の戦略として海外からの工場見学の強化を支持しているのである。このモデル1では，Bennett（1986）の唱えた従業員の異文化センシティビティが発達しているとは判断できない。

　興味深いのは，役職者ダミーが負の影響を与えていることである。役職者は海外の見学客を受け入れる工場見学には準備作業・時間がかかることを，非役職者よりも把握していると考えられ，それゆえに肯定感につながりにくいと考えられる。

　モデル2は，「会社の海外進出を積極的に支持するか」，つまり「外に出

ていく国際化」に対する考えを問うている。ここでも「組織への効果」が
もっとも大きく影響を与えていた。外国人見学客が多く自社を訪れ，自分
の会社・職場・地域によい影響を与えていることで，勤務先の国際競争力
の高さを自覚したと考えられる。外国人見学客にこれほど関心を持っても
らえるのであれば，自社は国内にとどまらず海外進出にも積極的になった
方がよいと考えるようになったのではないか。

　モデル２では他にも，「国際意識の向上」や「国際的な行動意欲」も海
外進出への肯定感につながっている。特に，国際的な行動意欲については
注目すべきであろう。従業員が「外国語を学びたい」「海外出張したい」
と考えているのであれば，企業が海外進出をする際に大きな原動力になる。

　モデル３は，３つのモデルの中で，もっとも「内なる国際化」に関連が
ある従属変数である。職場に外国人を雇用するというのは，海外からの工
場見学を推進するモデル１，海外進出を推進するモデル２と比較して，
もっとも回答者自身の就業環境に影響があるモデルということになる。
「国際意識の向上」「国際的な行動意欲」「組織への効果」のすべてが影響
を与えていたが，もっとも大きな影響を与えていたのが，「国際意識の向
上」である。身近に出会った外国人を支援したいという気持ちが高まった
り，ニュースについて上司や同僚と話したりする機会が増えるなどの国際
意識の向上が，「外国人をもっと雇用したほうがよい」という「内なる国
際化」の強化につながるのであろう。外国人が職場に増えれば，同僚とし
て仕事面だけでなく，互いに助け合う必要が出てくるため，Bennett
(1986) の異文化センシティビティ発達モデルにおける「③差異の最小化」
が必要になる。その意味で「国際意識の向上」への影響がもっとも大きい
のは納得できる。

　次に影響が大きかったのが「国際的な行動意欲」である。語学を学んだ
り，出張に関心を持つということは，国際意識の向上をさらに一歩進めた

行動レベルの要因になるとともに，外国人従業員とのコミュニケーションを深める上で直接役立つ。Bennett（1986）の異文化センシティビティ発達モデルにおける後期の文化相対的な段階である「④差異の受容」にまでつながる行動と捉えることができる。

モデル3では，「組織への効果」は有意であったが，「国際意識の向上」「国際的な行動意欲」と比較すると，影響は小さかった。「外国人の社員の雇用」という，回答者にとってもっとも大きな影響を与えるモデルにおいて，「自社にとってよいことだから」という理由が与える影響が小さいのは納得できる。

しかしながら役職者ダミーについては，負の影響が大きかった。役職者は自らの職場に外国人従業員を迎えることで，教育や指導，チームビルディングなどが必要になることを自覚しており，それを実現する上で不安があることも考えられる。

3-6　小括

本章における試みは，産業観光で訪問する外国人に生産現場を紹介する機会を創出することが，従業員の国際意識の向上を通じて，「内なる国際化」の実現につながるかを検証することであった。

「社内で外国人を雇用したほうがよい」というモデル3には，国際意識の向上に加えて，国際的な行動意欲も影響を与えていた。またこれらの2つの要因は，海外進出に積極的になった方がよいという「外に出ていく国際化」にも影響していた。ここまでの結果から，Bennett（1986）の異文化センシティビティ発達モデルにおける差異の最小化の段階，差異の受容段階の方向に同社の従業員が発達していることが推察できる。もちろん従

業員の異文化適応段階は一様ではないが，同社の海外からの工場見学が，異文化適応のレディネスを高め，同社における海外進出に肯定的な影響を与える可能性があることを示している。

　また，「組織への効果」は，「外に出ていく国際化」に関わるモデル２の「海外進出」に大きな影響を与えていた。企業が「内なる国際化」だけでなく「外に出ていく国際化」を進める上で，「組織（会社，職場，地域）にとって良いことである」と従業員に理解し自覚してもらうことは，海外拠点構築への動きに弾みをつける可能性がある。したがって，従業員の国際意識向上・国際的な行動意欲を育むとともに，なぜ国際化が必要なのか，それがなぜ会社の将来にとって役立つのかを，経営陣は従業員に丁寧に伝え続けることが重要であろう。

第 4 章

国内拠点での外国人雇用

4-1　はじめに

　本書が対象とする機械・金属産業は，日本のリーディング産業であり，それを支えるサプライヤーとして中小企業が欠かせないことはよく知られている。しかし深刻な労働力不足に陥り，生産現場の維持が困難になっている中小企業も散見される。日本の労働力不足は構造的なものと考えられ今後も同じ傾向が続くと予想されることから，外国人活用が有力な対応策と考えられている。

　そこで本章では，外国人，なかでも技能実習生に着目し，中小企業の生産現場で技術力維持を実現するための手法を考察する。厚生労働省(2022)によれば，製造業では雇用する外国人の在留資格のうち，技能実習が占める比率が48.9%と，他の産業と比較して突出している。

　機械・金属産業では，中小企業の多くが加工・組付・素形材・設備製作といった業務を手がけているが，こうした工程では作業に技能を要することが多い。そのため，単に単純労働を補うだけでは生産現場を維持することはできず，技能実習生の活用についても，そのことを考慮する必要がある。

　ここでは技能実習生の受入までのプロセスに特に焦点をあてて検討している。技能実習生を戦略的に受け入れることで，技能を修得してもらう可能性が高まり，日本国内の生産現場の技術力を維持でき，従来どおりの短納期・高品質を実現できると考えたためである。技能実習生の「戦略的な受入」とは，受入企業が望む人材を採用でき，技能実習生が意欲的に実習に臨んで技能を修得することで，中小企業での生産現場の技術レベルが維持できるような状況を目指すことを想定している。

　現在日本においては，ベトナムからもっとも多くの技能実習生を受け入れていることから，本章でもベトナム人技能実習生の受入に着目し，送出

機関・監理団体へのインタビュー調査をもとに戦略的な受入プロセスのありかたを探ることとする。

4-2　中小企業における労働力不足の現状

　労働力の確保と維持は，企業成長にとって欠かせない要素である。しかし日本銀行短観の雇用人員判断 D.I.（Diffusion Index：景気動向指数の 1 つ）によれば，製造業では2014年以降長らくマイナスが続いてきた。2020年頃に新型コロナウイルス感染拡大により一時的にプラスに転じたものの，2021年には再びマイナスになっている（図4-1）[1]。

出典：日本銀行「短観（雇用人員 D.I.）」時系列データより作成

図4-1　規模別の労働力不足感

1　日本銀行時系列統計データ検索サイトより作成。

　また製造業全体のD.I.と中小企業のD.I.を比較すると，労働力不足の影響を受けやすいのは，中小企業であることがわかる。政府が中小企業基本法にもとづいて毎年発表する「中小企業白書」においてもこうした状況が反映され，労働力不足について2015年版以降繰り返し取り上げられており，中小企業にとって長期的かつ深刻な状況が続いていることを示している（弘中, 2019）。

　今回着目するのは，製造業の労働力不足のなかでも，ものづくりを支える生産現場である。厚生労働省は一般職業紹介状況を公表し，職種別の有効求人倍率を示している。そのなかで生産工程では，2015年以降一貫して有効求人倍率が1.0を上回っている（図4-2）[2]。

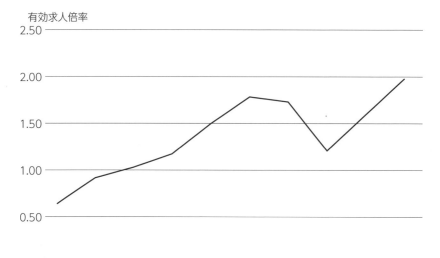

出典：厚生労働省「一般職業紹介状況」

図4-2　生産工程の労働力不足

2　厚生労働省「一般職業紹介状況」の職業別労働市場関係指標（実数）e-Statより作成

　以上を総括すると，日本の製造業における労働力不足は恒常的であり，特に中小企業は大きな影響を受けている。また製造業を支える要ともいえる生産工程では，慢性的に人手が不足している。労働人口が大きく減少する今後は，状況がますます厳しくなることが予想され，日本の生産現場における技術力の維持に，大きな影を落としていることがわかる。

4-3　せまられる「内なる国際化」

　第2章で中小企業の「内なる国際化」に関して考察したが，「内なる国際化」が求められるのは中小企業がグローバル化した経済で生き残るために海外進出を視野に積極的に対応するケースばかりではない。中小企業の場合，自社の国際化を推進しようという意図で外国人を受け入れるのではなく，労働力不足を解消するために雇用する場合が相当数あると考えられるからである。

　厚生労働省によれば，外国人労働者がもっとも多い業種は製造業で26.6％を占める。また外国人を受け入れている全事業所数のうち61.4％が30人未満規模の事業所であり過半数を占めている（厚生労働省，2022）。

　つまり輸出や海外での生産などの「外に出ていく国際化」を見越した外国人人材の受入ではなく，「内なる国際化」に向かわざるを得ない事情に注目する必要がある。

4-4　技能実習制度と受入プロセス

　労働力不足で苦境に陥った中小企業が，活路として見い出したのが外国

人技能実習制度である。

　外国人技能実習制度は「我が国で培われた技能，技術又は知識（以下「技能等」という）の開発途上地域等への移転を図り，当該開発途上地域等の経済発展を担う『人づくり』に寄与するという国際協力の推進」を目的として導入された（国際人材協力機構，2020）。期間は主として3年から5年で，技能実習計画にもとづいて技能の修得がおこなわれる。ベトナム人は技能実習生全体の53.3％を占めるなど多数であり，高校卒業程度で来日する若者が多い（厚生労働省，2022）。

　技能実習生は，企業が単独で受け入れる場合と，営利を目的としない団体（監理団体）が受け入れる方式の2つがあるが，本章が着目する中小企業の場合は，後者での受入がほとんどである。

　技能実習生は，おおむね以下のようなプロセスで企業に受け入れられる（図4-3）。まず現地ベトナムの送出機関（日本語学校等）に応募した技能実習生は，受入企業での選考にパスすると雇用契約を結ぶ。受入企業は，監理団体の支援のもと，実習計画の認可・ビザの発給のために関係諸機関への手続きをおこなう。実習生は来日後に監理団体で研修を受け，その後に受入企業での実習を開始する。

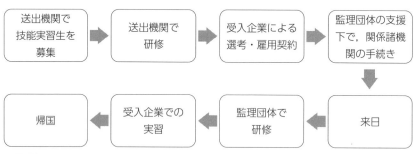

図4-3　技能実習制度の主なプロセス

4−5　外国人雇用に関連する既存研究

　2010年代後半には日本企業の競争力向上に資するとして，政策面でも「内なる国際化」が注目されるようになった（経済産業省, 2016）。経済産業省（2016）は，外国人の企業での受入パターンを類型化し，中堅・中小企業に適したパターンとして「海外事業の展開・拡大に乗り出した地方の中堅・中小企業」を提示している。

　しかし「内なる国際化」は，海外事業などに積極的な企業だけが取り組むわけではない。前述のように，中小企業の場合は，国際化を進展させようという意図ではなく，労働力不足を解消するために受け入れている場合がほとんどである。

　外国人雇用に関する海外の研究では，移民労働に関する研究は多いものの，移民の企業教育に関する研究は，Barrett et al.（2013）や Dostie & Javdani（2020）などを除いてわずかである。それらの研究も，移民の教育機会が制限されていることに焦点をあてており，受入プロセスや教育内容を対象としているわけではない。また，諸外国の移民と日本の技能実習制度は政策面・制度面で大きな違いがあることから，以下では日本国内の研究に絞ってみていきたい。

　中小企業にとっても外国人の雇用がより身近になってきたことから，それに関する研究も進んでいる。井上（2015）は，中小企業が海外実務を任せられる人材として，マネジメント層に外国人留学生，現場労働者として外国人技能実習生をあげている。

　竹内・平井（2017）は，中小企業の外国人雇用を，日本人従業員の「補完」と「代替」という2側面に分け，「補完」として外国人の正規従業員を，「代替」として技能実習生を位置づけている。

　中小企業での技能実習生の育成に着目した稀有な研究としては，中原（2020）の研究がある。経営資源に限りのある中小企業だからこそ，受け入れる側の企業は収益と研修費用のバランスをはかりながら育成しなければならないことを指摘した上で，技能を修得する技能実習生側の意欲も重要であることを示唆している。

　以上の既存研究を概観すると次のことがいえよう。日本企業の海外事業展開がますます増えるなかで，「内なる国際化」の重要性が意識されている。一方で，日本の中小企業は労働力不足という外的圧力によって技能実習生の雇用の必要性にせまられ，期せずして「内なる国際化」に取り組まざるをえない状況になっている。また，技能実習生については，生産現場で質の高い労働者としての役割が期待され，技能修得がますます重要になっていることが分かる。そのためいくつかの既存研究において，中小企業における外国人技能実習生の活用が調査・分析されている。しかしながら，技能実習生の受入前のプロセスに着目した研究はほとんどないのが現状である。

　また，国内で技能実習生が増加するにつれて，課題も多く指摘されるようになった。守屋（2018）は，日本の大学・大学院卒の外国人留学生，技能実習生などさまざまな外国人労働者をとりまく環境を整理し，特に技能実習生についてベトナムの事例を引用しつつ，母国からの送出時と日本の受入時・受入後に問題があることを指摘している。

　また技能実習制度では，実質的に大半がロースキルの低賃金労働力として活用され，母国に帰国後，その技能が活かされていないことを問題視している。グェン（2013）においても，送出時の問題や実習内容に関する課題が同様に指摘されている。

　また大重（2016）は，長時間労働やパワハラ，旅券や在留カード取り上げなどの人権侵害が生じているケースがあることや，さまざまな規制が整

備されているにもかかわらず，高額の斡旋料や仲介料徴収といった不法行為が未だに存在していることを指摘している。

　石塚（2018）は，ベトナム人技能実習生の失踪問題に焦点をあて，その課題解決をする上で実習生の採用・送出プロセスに着目し，その規定遵守やモニタリング制度の概要と課題を整理している。

　以上を整理すると，送出・受入における課題や，実習生が十分な技能を修得できていないことに関する問題が目立つことがわかる。こうした仲介や斡旋の問題を解決し，実習生と受入企業のミスマッチを防ぎ，技能修得を効果的に進める上で，受入までのプロセスが果たす役割は大きいと考えられる。また，中原（2020）が指摘するような意欲のある人材を見い出し，効果的に社内で実習を進めるためにも，受入のありかたは極めて重要になる。

　金属・機械産業では，生産現場で一定のスキルを必要とする中小企業が多い。たとえば多品種少量生産や一個流しの生産体制が敷かれている場合には，生産する品種は刻々と変化する。生産現場では，段取り替えが頻繁に発生し，そのたびに異なる材料を準備し，設備をセッティングしなければならない。また加工や組付にも精度が求められる。このような中小企業においては，技能実習生にも一定以上の技能を修得してもらうことが，生産現場の技術力維持に必要になるのである。

4-6　生産現場の技術力維持に資する　技能実習生受入のありかた

　以上の問題意識にもとづき，ケーススタディをおこなった。取り上げるのは，技術力のある中小企業に評判の高い監理団体「精密金属部品製造協

52

同組合」³と，同組合と提携する送出機関の「MIRAI HUMAN RESOURCES Co.Ltd」⁴である。日本とベトナムで実施した両組織へのインタビュー調査をもとに，技能実習生受入までのプロセスを中心に詳細を明らかにしたい。

(1) 送出機関（ベトナム側）： MIRAI HUMAN RESOURCES の事例

同社の Thanh 社長は，1998年から2001年まで研修生（現在の技能実習生）として，日本で働いた経験を持つ。日本に好印象を持った同氏は，その後，日本の新聞社の奨学金を得て，日本語学校の留学生として2002年に再来日した。卒業後は，日本企業のベトナム現地法人に勤務したり，技能実習生の受入に関わるなどして，2015年に MIRAI HUMAN RESOURCES Co.Ltd を起業した。そして技能実習生を育てるために日本語学校を設立し，送出機関としての業務を開始したのである。自らも研修生を経験しているため実習生の心情が理解でき，一方で日本企業での勤務経験もあることから日本企業のニーズも分かる。また受入業務にも明るいことから，自身の経験を最大限に活かせると考えたのである。

同社では2018年に638名，2019年に899名の日本への送出実績があり，新型コロナウイルス感染拡大の影響を受けた2020年も222名を送り出している。日本の製造業や福祉業界への派遣に力を入れており，製造業に関しては，技能を要する企業に対して多くの送出実績がある。

同氏は，技能実習制度において問題が発生するのは，1）実習生が送出機関・監理団体に法外な手数料を要求された場合に多額の借金を抱えるこ

3　2018年5月7日14時30分から17時に精密金属部品製造協同組合でインタビュー調査を実施し，2021年6月1日に13時から14時まで再度，同組合の発起人である三共製作所代表取締役の松本輝雅氏にオンラインにてインタビューを実施した。
4　2018年12月25日10時から12時15分にホーチミンの本社にて代表取締役社長 Thanh 氏，部長 Minh 氏，日本語主任兼日本語教員指導担当 Van 氏にインタビューを実施した。

と，2）受入企業の労働環境が劣悪なことが主たる原因だと考えている。そのため，そうした問題が発生しないような仕組みづくりをおこなってきた。

①　入学までのプロセス

まず，ベトナム各地で説明会をおこない，技能実習生として渡航する希望者を募集する。希望者は同社が連営する日本語学校に入学することになるが，同社では本格的に勉強を開始する前に，1ヶ月ほど観察期間を設けている。健康診断や筆記テストを実施するほか，生活態度や日本への渡航動機を確認する。特に動機の確認は重要であるという。日本に遊びに行く感覚で応募する場合や，本人の希望ではなく家族に強制されている場合は，渡航後に勤労意欲に欠けるからだという。最終的に面接を経て合格した人材だけが入学することになる。入学後も，派遣する人材の質を保つために，問題行動を起こす生徒には注意・指導を徹底するほか，改善がみられない場合には退学させることもあるという。

ベトナム政府は，送出機関が実習生から徴収できる手数料の上限を3,600ドル（日本円で約38万円）と定めているが，他社がこれを上回ることが多いなか，同社の場合は3,600ドルである。

②　入学後の学習

入学後は日本語を集中的に学習する。授業時間は1日に8時間で，毎日宿題が出るので，帰宅後の学習も必要になる。教員は日本人が3人，ベトナム人が30人である。日本人教員については，「大卒であること」「日本語教育の資格を有していること」「日本語指導の経験があること」を条件に採用している。ベトナム人教員は，技能実習生の経験を持つ教員も多いという。

同社では教員の質を高めることに注力しており，日本語指導経験の豊富

な Van 氏が主任として教員の教育を担当し，毎週土曜日に研修を実施している。また Van 氏の方針で，授業は日本語中心でおこなわれ，ベトナム語は授業時間の最後の10分程度にとどめるなどして，できるだけ生徒が日本語にふれる時間を増やし効果を高めているという。

　カリキュラムも工夫している。Thanh 社長をはじめ従業員・教員に技能実習生の経験者が多くいることから，授業で単に日本語を教えるのではなく，日本での勤務・生活に役立つことを授業に取り入れている。たとえば，授業の最初と最後には，必ず「起立，礼（おはようございます，お願いします，ありがとうございます）」などの挨拶をおこなう。授業中には必ず手をあげてから発言するよう指導しているほか，生徒が校内でお客様にあったら，必ず立ち止まって挨拶をするように教えている。製造業では立って作業することも多いため，それに慣れるために授業を立って受けているクラスもある。

　入校後およそ4ヶ月で日本語能力検定N5級取得レベルになり，日本への入国の際にはN4級レベル（基本的な日本語を理解できるレベル）に達する。N3級・N4級に合格したら賞金を支給するなどして，日本語学習のモチベーションを向上させるようにしている。

③　日本企業とのマッチング

　同社には，精密金属部品製造協同組合をはじめ，提携している日本側の監理団体を通じて，日本企業からの求人情報が入る。提携する監理団体は，優良な中小企業を紹介してくれるかどうかで選択しているという。前述のように Thanh 社長は，実習生の失踪などの問題には，受入企業の労働環境や待遇なども影響していると考えており，チープレイバーだけを求めている企業には派遣しない方針だという。

　また，監理団体を選ぶ際には，通訳が常駐しているかどうかも重視して

いる。通訳が常駐していない監理団体では，日本語が不自由な実習生が受入企業でトラブルにあった場合に，迅速に解決してくれない可能性があると判断しているためである。

　求人情報は精査して確認する。職種や職務内容のほか，待遇についての詳しい情報提供を，監理団体を通じて企業側に依頼する。技能実習生が担当することになる具体的な職務内容はもちろんのこと，食事代や寮費などについても細かく確認するのである。

　そのうえで，受入企業の面接を受ける前に生徒に詳細を説明し，本人が条件に納得した企業の面接を受けられるようにしている。早い場合には入校後1ヶ月後くらいから採用面接を受ける生徒がいるという。

⑵　日本側の監理団体：精密金属部品製造協同組合の事例

　精密金属部品製造協同組合は，技能実習生受入のために，株式会社三共製作所を中心に，東大阪近辺で金属加工を手がける中小企業で結成された。精密加工はもちろん，多品種・短納期・高品質を実現するなど，技術力向上に力を入れている中小企業で構成されている。ベトナム以外にも，これまでミャンマーやインドネシア，タイ，ネパール，スリランカ，カンボジアなどから実習生を受け入れており，日本の中小企業が海外展開するための海外視察も支援している。

　三共製作所代表取締役の松本輝雅氏は，日本で外国人の労働が認められるようになった初期から，同社で外国人を雇用していた。また，それまで仕事で携わった経験からベトナムに好印象を持っており，「理想の監理団体をつくりたい」と同組合の設立を決意した。

　同社は従業員の7割近くを外国人が占めるなど「内なる国際化」の先進企業として知られており，こうした経験も，組合の技能実習生受入事業を軌道に乗せることに一役買っているといえる。

① 送出機関との提携

　MIRAI HUMAN RESOURCES との提携を考えたのは，松本氏が Thanh 氏の経営方針に共感したからだという。Thanh 氏自身が技能実習生としての経験があり，日本で暮らす外国人の苦労がわかると同時に，日本の良さも理解していることから，信頼関係を構築しやすいと判断したのである。これまで提携したことのある送出機関のなかには同組合が求めるレベルの人材を派遣してくれなかったり，研修が行き届いていなかったりするケースもあり，そういう送出機関とは関係を解消していったという。MIRAI HUMAN RESOURCES の場合には最初に受け入れた実習生が，職場でルールを遵守でき，技能修得のスピードも速かったことから，さらに信頼が高まったという。

② 受入企業へのサポート

　組合設立当初は，三共製作所や組合メンバーとネットワークのある企業が，主たる受入企業であった。

　しかし同組合が受け入れる実習生の勤労意欲が高く，技能修得のスピードも速いことから，口コミで評判が広まり，他の中小企業はもちろん大企業も含めて利用企業が拡大した。現在，設立当初の20倍近い数の企業が利用しているという。

　組合の重要な業務の1つとして，実習生の受入を希望する企業が実施する採用面接のサポートがある。組合のスタッフは，受入希望企業の従業員に同行してベトナムに行き，技能実習生の面接をおこなう。送出機関との調整のほか，現地での移動・宿泊・通訳などをすべて手配し，受入企業の希望に沿った面接が実施できるように全力を尽くす。

　実習生の受入を希望するのは，生産現場で技能を要する企業がほとんど

である。品質維持のためには，標準作業等の遵守やチームワークが重視されることから，それが選抜方法にも影響を及ぼしているという。

　つまり日本語能力に加えて，ルールを遵守できることが最低条件であり，段取りがよいこと，精密な作業に対応できるよう手先が器用であること，複雑な業務に対応できること，協調性があることなど，実習生に対してさまざまな条件を求める企業が多い。そのため，寮や日本語学校での生活態度を確認するほか，適性検査，IQテスト，体力測定を実施する。企業によってはパズルや，器用さを測定する箸を使ったゲームなども取り入れるという。そのうえで，受入企業の採用希望人数の3倍程度を面接し，補欠も含めて採用予定者を絞り込むのが一般的である。

　その後は受入企業のリクエストにしたがって，監理団体を通じて送出機関に採用予定者の研修内容のカスタマイズを依頼する。日本語修得に加えて，勤務に必要な専門用語や安全知識，実技の訓練が加わることもある。

　実習生がこうした研修を受けている間に，監理団体は関係省庁・機関に提出するさまざまな書類作成や手続きをサポートする。これらが無事に終了すれば，実習生が来日できることになる。面接後6ヶ月程度で来日するケースが一般的であるという。

③　来日後の研修とサポート

　来日後は，組合のスタッフが技能実習生らを空港に出迎え，法定研修（1ヶ月，176時間）を実施する。同組合では，合宿所を兼ねた専用の研修センターを設けており，シャワー室・キッチンなどが完備されている。担当講師は，製造業への知見が深く，海外経験も豊富で，大手メーカーの常務だった小野田氏が務める。ベトナムを愛し，新型コロナウイルス感染拡大前には，生徒の誕生会などを開いてご飯をふるまうなど，ベトナム人の育成に情熱を持った人物である。

　来日後の研修は，より実践的できめ細かいものになる。生活面に関しては，ATM の使いかた，交通ルール，ゴミ捨ての方法，エレベータやエスカレータの乗りかた，冠婚葬祭の習慣，防災の知識など，日本の生活で困らないよう指導する。また「土足厳禁」「頭上注意」「救急箱」など，工場で常識となる用語も学ぶほか，技能をスムーズに修得するために「メモをとる習慣」なども訓練するという。

　企業派遣後に，技能実習生がスムーズに職場になじめるような配慮もしている。入社後の職場での人間関係がうまくいくように，研修期間中に日本語で自己紹介書を書いてもらい，それを派遣先の企業で掲示してもらうのである。

　また，講師が各実習生の「個人報告書」を作成して，受入企業に提出するという。本人の性格や能力にもとづいて，どのような指導・育成方法が望ましいか，どのようなコミュニケーションをすれば業務指示が伝わりやすいかも付記する。実習生仲間からの当該実習生の人物評も掲載することで，受入企業が実習生を多面的に理解しやすいような工夫も施している。

　研修期間を終えた実習生は，組合スタッフが受入企業までエスコートする。住民票などの役所での手続き，生活面の手続き（電気・ガス・電話，インターネットなど）にも同行し，生活が順調に始められるようなセットアップをおこなうという。

4-7　事例の考察

　以上，技能実習生が受入企業に入社するまでのプロセスを，送出機関・監理団体の役割を中心にみてきた。

(1)　受入を成功させる工夫

　事例では，中小企業の技能実習生の受入をうまく進めるため以下の点で
工夫がされていた。

①　情報の透明性の確保

　第1に，実習生が支払う手数料を最初に明示し，低価格に抑えている。
これにより，先行研究で指摘されていた実習生に多額の借金を抱えさせる
といった問題がクリアされる。

　第2に，勤務条件や職務に関する情報の透明性である。監理団体では，
受入希望企業から企業概要・業務内容・待遇などの情報を得て，送出機関
に伝える。送出機関はその情報を細かくチェックし，実習生の立場にたっ
て確認をおこなった上で，実習生本人が納得するまで説明する。実習生・
送出機関・監理団体・受入企業の間で情報の透明性が確保されているので
ある。

②　人材のミスマッチ回避

　技能実習生候補者の選抜は，慎重におこなわれている。

　まず送出機関では，日本で働く意欲があるかを入校時に確認している。
また監理団体は，受入企業の人材に対するニーズを正確に把握している。
監理団体の発起人である松本氏が，自身の会社でものづくりや外国人雇用
の経験があることも，功を奏している。

　さらに受入企業は，監理団体のサポートのもとに，ベトナムに渡り，さ
まざまな方法を駆使して，自社の生産現場にふさわしい候補者を選抜して
いる。繰り返しになるが，本章で対象としている中小企業は，労働力不足
を単に補う単純労働者を求めているわけではない。生産現場で求められる
技能レベルも高いため，日本本社で日本人従業員を雇用する場合と同様に，

実習生受入においても選抜が重要なのである。

③　実習開始前の多面的な研修

　実習生が受入企業で勤務を開始する前段階で，次の3つのタイプの研修がおこなわれている。「日本語」「日本での生活に必要な知識」「社会人として必要なマナーや常識」である。さらに，受入企業での業務に対応するための特別な研修が加わることもある。

　このように実習開始前の研修が多面的に展開されていることで，実習生は来日後の生活がスムーズになり，職場での人間関係を築きやすくなり，より技能修得に専念することができる。労働力不足に苦しみ，かつ生産現場で技能を要する企業において，重要な戦力になることが期待できる。

④　技能実習生と受入企業のための実習開始後のサポート

　今回インタビュー調査をおこなった送出機関と監理団体は，実習開始後も，実習生・受入企業と定期的にコミュニケーションをとっている。メンタル面まで踏み込んでサポートをしているのが特徴的である。新型コロナウイルス感染拡大前には，両組織ともスタッフが受入企業を定期的に訪問し，現地で実習生に面会するとともに，受入企業の相談にのっていた。新型コロナウイルス感染拡大により行動制限が生じていた時期も，現地訪問には制約があったものの，実習生や受入企業との定期的なコミュニケーションは欠かしていなかったという。

　実習生の多くは20歳前後の若者である。事前に日本での生活や職務について詳しい情報提供がなされ，十分な研修を受けていたとしても，初めての外国生活でのストレスやホームシックのために勤労意欲が下がることもある。また慣れない日本語でのミスコミュニケーションや慣習の違いによって職場で人間関係が悪化すれば，外国人従業員に慣れていない受入企

業側が対応に戸惑うこともあろう。そのため，実習生の入社後にも十分な
サポートが必要である。今回取り上げた送出機関や監理団体は，技能実習
生本人だけでなく，その親や親族のメンタル面まで支援して解決にあたる
という。

　こうした努力は，先行研究において日本企業の課題としてあげられてい
た受入企業での「内なる国際化」を実現させるために大きく貢献している
といえよう。

　送出機関と監理団体による実習開始後のサポートが前提になっているか
らこそ，受入企業も安心して採用ができ，技能実習生も安心して入社でき
るのである。

(2)　送出機関と監理団体の密接な連携

　このように戦略的な受入が実現できている大きな要因として，送出機関
と監理団体の密接な連携が考えられる。今回インタビューした2つの組織
は，「送出機関は実習生を送り出すまでを担当し，監理団体が実習生の入
国後を担当する」といった分業関係ではなく，両組織が連携をとって，送
出機関の日本語学校入校時から，実習期間終了後の帰国に至るまでのプロ
セスで互いに協力し合っている。

　たとえば監理団体は，頻繁にベトナムを訪問し，実習生の現状や，最近
の課題などについて送出機関に情報を提供している。送出機関はそれをも
とに研修内容を工夫する。また送出機関も日本に支社を設置し，監理団体
とともに，実習生と受入企業の間に立って，問題解決をサポートしている。

　このように，送出機関・監理団体がそれぞれサービスの質を高め，かつ
両者が密接に連携することで，技能実習生・受入企業を含めた関係が良好
になる（図4-4）。中小企業が受入を成功させたいのであれば，送出機関
と密接な関係を構築している監理団体を活用するのが望ましい。そして技

能実習生の受入後も，監理団体に加えて送出機関とも継続して関係を維持・強化することで，すべての関係者が利する状況が期待できる。

　こうした関係の構築は送出機関・監理団体の事業にも好影響を与える。技能実習生の滴足度が向上すれば，その評判が伝わり，より意欲があり質の高い実習生候補者が送出機関に集まるようになる。質の高い実習生が継続して勤務し良好なパフォーマンスを発揮すれば，受入側の日本企業も満足し，監理団体の評判も高まるのである。

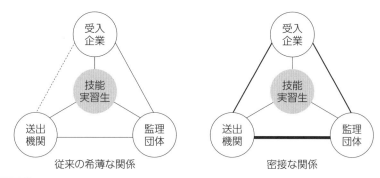

図 4 - 4　**技能実習生をとりまく組織の関係**

4 - 8　小括

　本章では，労働力不足に苦しむ技術力の高い中小企業が生産現場を維持するための外国人活用を技能実習生の受入プロセスに着目して考察してきた。

　ここで紹介した受入プロセスは，ベトナム人技能実習生にとって異文化センシティビティの発達を促す工夫が施されており，Bennett（1986）のいう異文化接触により自文化を相対化し異文化を受容する成長プロセスと

符合している。

　本章の最後に，中小企業での技能実習生の活用は，日本本社の「内なる国際化」向上に貢献するだけでなく，第5章で述べるように，「外に出ていく国際化」にも資する可能性があることを指摘しておきたい。いくつかの中小企業では，ベトナム人の技能実習生を国内で雇用したことが契機となり，海外展開を意識し始め，ベトナムでの工場設立に乗り出した。技能実習生を戦略的に受け入れ，適切に育成することは，「内なる国際化」だけでなく，「外に出ていく国際化」の実現可能性をも高めているのである。

第 5 章

「内なる国際化」から
海外生産拠点の設立へ

5-1 はじめに

　本章では，中小企業の「内なる国際化」を「外に出ていく国際化」と結びつけて考察する。具体的には，機械・金属産業の中小企業を対象とし，国内で外国人技能実習生・外国人技術者を雇用し育成する「内なる国際化」がきっかけで，ベトナムでの海外生産につながった事例をもとに観察したい。結論をやや先取りするならば，「内なる国際化」の取り組みを進めた後に海外進出して現地生産することで，海外進出した日本企業の多くが直面する課題である品質管理にスムーズに対応することができ，日本企業が従来不得意としてきた人の現地化，すなわちローカルの社長と従業員による経営も実現できる可能性が高まるのである。

5-2 中小企業が海外生産で直面する課題

　まず，本章が対象とする中小企業の課題について，海外生産という視点を絡めながら簡単に整理しておきたい。

(1) 国内で直面する課題：技術者不足

　国内の課題として着目するのは，労働力不足である。中小企業の労働力不足には2種類ある。第1は，第4章でみた生産現場の労働者の不足である。第2の労働力不足として着目すべきが技術者不足である。日本企業はイノベーションを促進するために理系の人材を必要としており，2019年3月の国内の大学等卒業者のうち理系の就職率は97.4％である（厚生労働省・文部科学省，2022）。95％を超える状況は2013年から10年続いており，

中小企業が技術者を採用しにくい状況が容易に想像できよう。ここでも外国人の採用が1つの手段として着目され[1]，中小企業が外国人技術者を雇用するための環境が整いつつある。外国人技術者を雇用したことのある中小企業がその経験を活用して，他の中小企業の外国人採用をビジネスとして支援している場合があり，それらを通じて採用することもできる[2]。また，すでに日本国内で他社に勤務している外国人技術者を中途採用することもできる。外国人技術者は高度人材としての就労資格を得て日本に長期間滞在できることから，じっくりと社内で育成できる。日本人の技術者がそうであるように，生産現場での経験を経てから，設計や開発の知識を深めて成長することも可能になる。

(2)　海外生産の課題：品質管理

　次に，日本の中小企業が海外進出後に直面している課題をみてみよう。日本貿易振興機構が実施しているアジア・オセアニア日系企業活動実態調査では，進出した日本企業が直面する経営課題を毎年質問しているが（日本貿易振興機構，2019），中小製造業でもっとも多い回答が「従業員の賃金上昇」，次に「競合相手の台頭」「品質管理の難しさ」であり，この傾向は5年間変わらない[3]。前者の「従業員の賃金上昇」「競合相手の台頭」は企業でコントロールできないとしても，品質管理は企業が対応できる余地があると考えられる。

1　中部経済産業局によれば，15.8％の中小企業が高度外国人材（元留学生を含めた外国人の大卒者）を採用した経験があるという。（経済産業省中部経済産業局（2018年5月）「ものづくり中小企業における高度外国人材（元留学生等）活用事例集」https://www.chubu. meti.go.jp/b32ji nzai/jinzai_bank/gaikoku/data/monogaikokujinzai.pdf（2020年8月31日閲覧）。
2　2014年4月9日実施の中小企業S社へのインタビュー調査による。
3　2019年度は52.2％，2018年度は55.5％，2017年度は56.2％，2016年度は55.3％，2015年度は56.7％の中小製造業が「品質管理の難しさ」を課題としてあげている。

68

　品質管理の難しさには，前項で扱った人材が深く関連していることが推察される。品質管理に関わる人材のタイプを模式化したものが図5-1で，求められる知識のレベルに応じて「単純労働者」「生産現場のリーダーになる技能者」「生産現場が分かる技術者」「開発・設計に携わる技術者」の4階層が想定される。中小企業が海外生産で品質を安定させようとしたときに必要となるのが，太字で示した2つの階層である。ベトナムに進出した中小企業のインタビュー調査では，「単純労働者は確保できても，生産現場で必要な技能があるリーダークラスとなる人材が不足している」「理系の大卒者を雇用できても，生産現場への理解が欠けている」という意見をよく耳にした[4]。つまり，中小企業が海外生産を開始して品質問題をクリアしたいと考えたときに，この2つの層をどのように確保・育成するかが肝要となる。

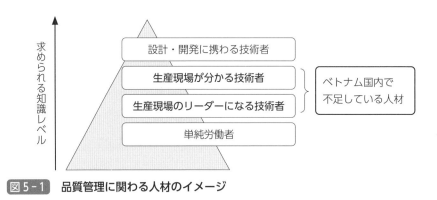

図5-1　品質管理に関わる人材のイメージ

4　2019年9月実施のベトナムの3つの工業短大でのインタビュー調査においても，現地の技術者による生産現場の理解不足が問題となっていた。工業短大のカリキュラムでは生産現場の実習が不足し，指導する教員も生産現場を理解する必要性を認識していないという。

5-3　海外進出の契機に関する既存研究

　中小企業が海外進出する契機に関する既存研究をここで概観しておこう。

　本書が対象としている機械・金属産業の中小企業では，顧客の生産拠点が海外に広がったことや，顧客からコスト低減を求められたことをきっかけに海外進出するケースが多い。丹下（2015）は，「中小企業の海外進出目的は，従来，親会社への追随や生産コスト低減が多かった」とし，それが生産機能に着目した研究の厚い蓄積につながっていることを指摘している。その後は，現地の市場を開拓するために進出するケースも増えており，近年は「海外市場の拡大が今後期待できるため」というのが中小製造業の海外進出理由として55.3％ともっとも多くなっている（商工中金調査部，2018）。そのため中小企業の海外市場開拓に関する研究も増えてきた（日本政策金融公庫，2014）。

　一方で，中小企業の海外進出「前」に着目した研究は限られている。山本・名取（2014）は，「中小企業がどのように国際化を志向・実現したかに関する理論的研究は非常に少ない」ことを指摘した上で経営者に着目し，経営者が徐々に国際的企業家志向性を獲得することで，国際化できることを示している。また関（2014）は，進出国とのコミュニティ構築が海外進出に与える影響に着目し，海外企業とのビジネスマッチングがきっかけとなる国際化プロセスを観察している。柴原（2019）は，外部の専門家の支援により，中小企業が急速な国際化を実現するプロセスを明らかにしている。

　本章では，以上のような経営者の変化や外部専門家の支援をきっかけとした海外生産ではなく，外国人従業員の雇用という「内なる国際化」をきっかけとしたケースを論じたい。

70

海外の研究においても，国際化の事前条件に着目するものがある。これまで国内で活動してきた中小企業が急に国際化する事象を扱っているボーン・アゲイン・グローバル企業の議論では，顧客の海外展開，オーナーの変更，買収などの大きなインシデントが国際化のきっかけになると考える（Bell et al., 2001）。それに対して高井・神田（2012）は，日本企業の事例をもとに，能力や資源（たとえばコア技術，経営資源，事業の仕組みなど）を予め保有していることが国際化の原動力になりうると主張する。事前に条件が備わっていたから国際化できるという考え方もある一方で，徐々に能力や知識を身につけて国際化を進展させることも想定できるのである。

Sarasvathy et al.（2014）は起業家の意思決定プロセスを分析し，目的を達成するための手段を考える意思決定よりも，自分が保有する資源・手段を使って何ができるかを考えることが成長につながるとし，それを国際化にも絡めて議論している。また修正された Uppsala モデル[5]においても，実際に国際化を進めるなかで現地の組織とネットワークを築き，信頼関係を構築するプロセスで有用な知識が獲得できるとしている（Johanson & Vahlne, 2009）。

本章でも，「内なる国際化」により海外進出の素地が生まれ，経験値が高まることで，海外生産を実現できる能力や知識が獲得されたという観点にもとづいて分析を進めていく。

5　最初の Uppsala モデルは，企業は時間をかけて学習・経験を蓄積し，間接輸出，直接輸出，海外販売子会社設立，海外生産，研究開発活動を行うというモデルとなっている。

5‑4　内から外への展開事例

　「内なる国際化」がきっかけでベトナムに進出した中小企業のなかで，本節では株式会社中農製作所のケースを紹介したい。われわれの調査では，ベトナム人の技能実習生・外国人技術者の雇用がきっかけでベトナムに進出している事例が，ほかにも観察できることから，ここでは代表的な 1 社を取り上げるシングル・ケーススタディとしたい。

　中農製作所は大阪府にある従業員67名，資本金1,450万円の中小企業で，精密切削加工を中心に，洗浄機等の設備開発・生産を手がけている。納入先の業界は年々広がり，半導体，ロボット，機械，自動車など20を越える業種に及ぶ[6]。

　同社が外国人を雇用したきっかけは，労働力不足であった。工場が密集した地域に立地しているため，労働力不足は深刻な問題であった。技能実習生の採用に着手したのは同業他社のなかでも比較的早く，2004年からベトナム人を雇用し始めた。技能実習生は順調に研修を進め，会社としても彼らの成長に手応えを感じていた。しかしながらせっかく成長した人材が，当時は 3 年で帰国しなければならないため，実習生本人にとっても中途半端な経験となるし，会社の成長という意味でも実習期間のみの雇用では物足りなく感じるようになった。

　また，さらに高度な業務を担当できる従業員を雇用したいという思いもあり，2008年から技能実習生と並行して，ベトナム人の大卒技術者を 4 名採用した。技術者であり長期に滞在できることから，生産現場でも十分な

6　第 1 回インタビュー調査を2018年09月18日10：30-12：30に，第 2 回インタビュー調査を2020年11月 9 日09：30-11：00に実施した。

経験を積むことができ，その後彼らは管理職に昇進するなど大きく成長することとなる。

　外国人を雇用してからしばらくは，同社は海外への進出は考えていなかった。きっかけとなったのは，2010年開催の会社での合宿である。従業員がグループに分かれ同社のSWOT（Strength, Weakness, Opportunity, Threat）を分析したところ，ベトナム人のいるチームが「ベトナム人がいることが強みである」と発表し，やがて「ベトナムに拠点を設立してほしい」という声があがるようになった。

　そこで，まずJETROの支援事業に参加して，他の中小企業と合同でベトナムでの展示会に出展した。同社にはベトナム人技術者がいることから，他社のように通訳を介してではなく，彼ら自身が来場者に加工サンプルを熱心に説明した。そのためブースへの訪問者が多く，加工技術の高さが注目を集め，同社はベトナムでの拠点設立の可能性を強く意識することになる。

　しかしながら，規模の小さい企業がいきなり海外直接投資をすることはリスクが高いため，2014年にまずベトナム企業への委託加工から開始することとした。具体的には，日本の中小企業と同様の設備を持つベトナム企業に対して技術指導をし，そこに部品加工を発注して，日本の同社に輸出するのである。同社が加工プログラムを供給し，加工のノウハウについても指導するため，確実に品質の高い加工をすることができる。しかも日本企業と同様の加工時間となるため，生産性が高くトータルのコストを抑えることができた。

　この加工事業が順調に拡大したことから，2017年に本格的な生産拠点を設立した。先述したベトナム人技術者のうち2名が，社長・副社長に任命された。この2名は，日本の設備・工程をよく理解しているため，工場の立ち上げがスムーズであった。また日本本社で技能実習生として勤務した

従業員も，ベトナム拠点に入社して生産現場の戦力となり，日本本社と同じ品質レベルを実現することに貢献した。

5-5 「内なる国際化」の効果

　中農製作所の事例をもとに「内なる国際化」から「外に出ていく国際化」へのプロセスを観察したが，同社では下記の4点の成果が得られた。

(1)　「内なる国際化」主導の海外生産へ

　同社は労働力不足をきっかけに，ベトナム人技能実習生を雇用した。さらに外国人の技術者を採用し，それがやがてベトナム進出につながっていった。つまり「内なる国際化」が先に進展し，それが外への国際化につながった。やむを得ず始めた消極的な国際化が海外生産拠点の構築という積極的な国際化に発展したともいえよう。顧客の海外進出への追随や，低コスト実現という，目的を持った国際化が先行した海外生産とは一線を画していると考えられる。

　ベトナム人従業員を国内で雇用したことは，日本人従業員にも影響を与えている。外国人の同僚と交流するなかで同国への理解が深まり，ベトナム進出に関しても日本人従業員から賛同が得られた。また生産拠点設立後には，日本本社とベトナム生産拠点で生産現場の従業員同士が，両拠点の責任者を介さず直接やりとりして分業できている。同じ職場で働いていた同僚同士でもあることから信頼関係も確立しており，日本語でコミュニケーションできる。この点も，「内なる国際化」を経ずに海外生産を開始した企業とは異なる利点といえよう。

　進出後も同社では，「内なる国際化」をさらに促進すべく，日本人従業

員がベトナムをより理解できるように，たとえば新型コロナウイルス感染拡大前には日本人従業員（特に生産部門）のベトナム出張を奨励するなどの工夫をしていた。

(2)　海外拠点での高い品質の実現

　同社のベトナム生産拠点では，立ち上げ直後から高い品質を実現できている。第1の理由として考えられるのが，日本の生産現場で経験を積んだベトナム人技術者の存在である。加工プログラミングはもちろんのこと，適切な設備・治具の選択やカイゼンを現地で独自に進めることができる。現地拠点が自立して継続的な品質向上を実現できるようになっているのである。

　第2の理由は，生産現場での現地従業員の活躍である。元技能実習生がベトナム生産拠点に入社し，リーダーとして活躍している。彼らは日本の同社での研修中に，必要な技能を修得しているだけでなく，5S，安全，チームワークといった日本的なものづくりの考え方を理解している。

(3)　人の現地化，すなわちローカルの社長と従業員による
　　経営の進展

　同社では，海外生産に際して人の現地化も実現しており，拠点設立時にベトナム人が社長・副社長になっている。欧米企業と比較して，日本企業は人の現地化が遅れがちなことが指摘されており，珍しい事例といえよう（弘中・寺澤, 2017）。われわれの調査では，「内なる国際化」からベトナム進出にいたった他の2社でも，設立時からベトナム人を社長として任命していた。「内なる国際化」が先行することが，海外拠点での人の現地化に貢献している可能性は高いと考えられる。

　人の現地化は，現地での人材育成に大きなメリットを生み出す。日本で

従来の日本の中小企業の海外生産

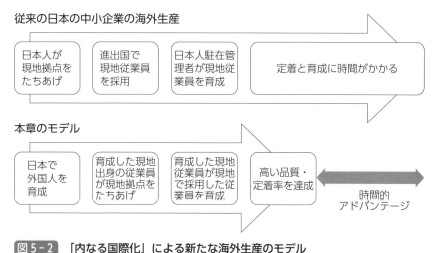

図5-2 「内なる国際化」による新たな海外生産のモデル

勤務経験のあるベトナム人が，現地で採用したベトナム人に対して，ベトナム人の価値観や慣習にしたがって，理解・納得しやすいように指導することができる。また給与や待遇についてもベトナム人の価値観に合わせた制度を構築できるため，他の日本企業が悩まされがちな定着率に関する問題も解消されやすい。さらに，ベトナム人が昇進し活躍していることで，現地で採用した人材のモチベーションも向上する。

　通常，中小企業が海外に進出する場合には，日本人が拠点を立ち上げ，現地で人材を採用し育成に着手する。そのため，日本的なものづくりを浸透させ品質を向上させるには，時間がかかることを覚悟する必要がある。材料や設備を理解した上でカイゼンができるような技術者を育成するのはさらに至難の業である。その結果，多くの日本企業では，なかなか現地の人材をうまく育成できずに，日本人従業員がいつまでも品質管理を担当せざるを得ない場合が散見される。しかし，同社のように「内なる国際化」から出発した場合には，そうでない企業と比較して時間的にも大きなアド

76

バンテージがある（図5-2）。

⑷　日本本社の成長

　同社は，「内なる国際化」から「外に出ていく国際化」へと進展して海外生産を実現させたが，それはベトナム生産拠点単体の成長に寄与しているだけではない。日本本社の成長にも大きな影響を与えている。ベトナムの生産拠点で高い生産性・高い品質で加工ができることから，日本本社で受注できるキャパシティが高まっているのである。そこで，日本本社では新規顧客からの受注や難易度の高い加工にも挑戦できるように営業体制を強化したほか，自社製品である洗浄機の開発・販売にもより一層力を入れるようになった。開発においては，本社にいるベトナム人技術者も戦力になっている。

　またベトナム拠点を単なる生産拠点として捉えるのではなく，アジア各国の日本企業・海外企業への販売を拡張する拠点として発展させることも狙っている。

5-6　小括

　本章では，「内なる国際化」を契機とした海外生産について，事例をベースとして検討してきた。日本企業の海外生産においては，進出先で品質管理に課題を抱えることが多い。しかしここで取り上げた事例のように外国人従業員の雇用と育成，職場での日本人従業員との交流などの経験を蓄積する「内なる国際化」から，海外に進出する「外に出ていく国際化」に発展する場合には，早い段階で海外生産拠点で高い品質を実現できただけでなく，それを維持・向上させる仕組みもつくることができた。また人

の現地化も早期に実現し，現地人管理者が現地の人材を育成するという組織体制も構築できていた。さらに，進出先の拠点が発展するだけでなく，日本本社が新たな成長を遂げる契機にもなった。これらは従来の中小企業の海外進出ではみられなかった事象であり，新たなモデルと考えてよいであろう。

　また，国際化の契機に関する実践的示唆も得られる。第 1 に，労働力不足に端を発した「内なる国際化」を，企業成長に利用できる可能性である。技能実習生を雇用した場合，制度を適切に運用して研修を充実させることで，国際化の下地を築くことができる。第 2 に，「内なる国際化」によって，成長のための選択肢が増加する。中農製作所の事例では，現地生産を開始する前に委託加工から着手している。つまり海外に生産拠点をおく前の段階，たとえば委託加工や輸出・輸入といった国際化の段階を踏むプロセスの有用性も示すことができた。

第 6 章

中小企業の海外生産拠点の現状

6‐1　中小企業のマレーシア生産拠点

　第6章と第7章では，海外生産拠点に焦点をあてて，中小企業の国際化を分析する。われわれは，中小企業の海外生産拠点における現状と課題把握のため，2014年以降，東南アジアを中心に現地調査をおこなってきたが，そのなかでも特にマレーシアで集中的に調査をおこない，日本人駐在管理者・現地従業員を対象としたインタビュー調査とアンケート調査を実施してきた。

　マレーシアは，第2章でも触れたように，1980年代後半から大企業を中心に進出が始まり，それに追随するかたちでサプライヤーである中小企業の進出も増え，ASEANのなかでもっとも早く日本企業の進出が始まった地域といえる。つまり，現地生産拠点の歴史も長く，現地のマネジメントもその分成熟している可能性がある。一方で，多民族・多宗教の国家であることから，異文化マネジメントのハードルも高いと想定される。第7章の議論とも関連するが，海外生産拠点を軌道に乗せる上では，日本人駐在管理者と現地従業員の円滑なコミュニケーションと，それを支える適切な組織マネジメントが不可欠である。

　日本の中小企業が，特にコミュニケーションや組織マネジメントという点において，海外生産拠点で直面する現状と課題を把握する上で，マレーシアは最適な地域と判断した。

　調査の概要は下記のとおりである。

＜インタビュー調査＞
対象企業数：10社
インタビュー対象者：中小企業のマレーシアにある生産拠点の役職者
実施時期：2014年11月から2017年2月

＊インタビューは，「現地生産拠点の組織マネジメントの状況」「現地生産拠点の戦略と課題に関する質問」を中心に，半構造化方式でおこなった。10社のうち6社に対しては，日本本社でもインタビューを実施した。

＜アンケート調査＞

実施時期：第1次2017年3月，第2次2017年8月

日本人駐在管理者向け：第1次で16人，第2次で7人回収

　　　　　　　　　（配布数30　回収率77％）

現地従業員向け：第1次で167人，第2次で52人回収

　　　　　　　　　（配布数250　回収率87.6％）

配布方法：われわれがそれぞれの企業に赴き，アンケートを依頼した上で，2，3日後，回収のために再度企業を訪問するという手法をとった。実施時期が2回に分かれているのは，われわれの渡航時期に制約があったためである。

　本章では，主としてアンケート調査をベースとして分析する。そして，第7章では組織マネジメントに焦点をあてて，アンケート調査とインタビュー調査の双方の結果をまじえながら，考察していく。

6-2　アンケート調査の概要

　アンケート調査票は，日本人駐在管理者については日本語で，現地従業員向けは英語とマレー語で作成して配布した[1]。回答の選択肢は，「全くそ

1　アンケート調査の英語からマレー語への翻訳についてはAnthony Fong An Tian氏のご協力を，マレーシアでの調査実施方法等についてはMichiko Okubo氏，Yaeko Masuda氏のご助言を得た。記して感謝したい。

う思わない：1」「そう思わない：2」「あまりそう思わない：3」「ややそう思う：4」「そう思う：5」「強くそう思う：6」の6点尺度になっている。

現地従業員向けの調査票は組織マネジメントに関するものを中心に聞いている。具体的な質問項目は，「職場でのチームワーク」「上司とのコミュニケーション」「キャリアパスに関する意識」「満足度と組織への愛着」といった要素で構成される。現地従業員向けのアンケート調査については，質問項目をかなり絞り込んだ。

日本人駐在管理者向けの調査票では，組織マネジメントに加えて，現地生産拠点の経営状況についても尋ね，日本人駐在管理者が自らのマネジメントをどのように評価しているのかについても明らかにしようとした。具体的な質問項目は，「部下（現地従業員）のチームワークに対する認識」「部下（現地従業員）とのコミュニケーション」「現地従業員のキャリアパス・キャリア開発」「現地の文化・歴史への関心」「仕事への意識」「現地生産拠点の経営状況」といった要素で構成している。

それぞれの質問項目は，後述するように，既存研究とインタビュー調査の内容をもとに設定している。

なお，一般に日本人は控えめな自己評価をするために，現地従業員と比較すると回答が消極的に偏っていること，また中小企業ではコスト面を考慮して駐在員の数を抑える傾向にあるため，日本人駐在管理者のサンプル数が少ないという調査上の制約がある。

6‐3　現地従業員アンケート調査の結果[2]

(1)　回答者の属性

現地従業員の回答者属性は次の通りである。

図6‐1　回答者の性別

性別については，男性の割合がやや高かったが，ほぼバランスがとれている。

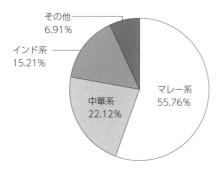

図6‐2　回答者の民族

2　全グラフにおいて，構成比は小数点以下第3位を四捨五入しているため，合計しても必ずしも100とはならない。

マレーシア人は，主としてマレー系，中華系，インド系の民族で構成される。「その他」にはそれ以外の民族や外国人従業員も回答者に含まれている。国の人口構成も反映し，マレー系が，半分以上を占めていることが分かる。なお，現地従業員回答者のうち，マレーシア人は，93.1％であった。

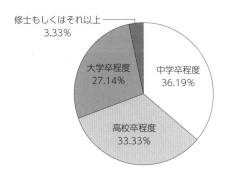

図6-3 回答者の学歴

学歴については，日本でいうところの高校卒業程度が36％，短大卒業程度が33％，大学卒業程度が27％であり，バラエティに富んでいるとともに，どこかの学歴に偏っているということはみられなかった。

図6-4 回答者の役職

　現地従業員のアンケートについては，約4分の1が管理職であった。

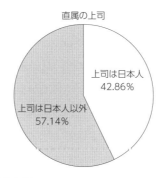

図6-5　回答者の直属の上司

　直属の上司が日本人である現地従業員は，4割強であった。

(2)　現地従業員のチームワークに関する意識

　日本企業の生産現場では，チームワークが重視されており，高い品質を達成するためにも不可欠だとされている。たとえば日本の製造業で広く普及しているQCサークルでは，生産現場で働く従業員が，自らの職場で起きている問題を特定し，グループで解決にあたり，生産性向上，品質向上，職場の安全性向上に努める。また自動車産業を中心として導入されているジャスト・イン・タイム方式では，前工程と後工程を担当する従業員が，互いの状況を把握しあって仕事を進める。

　そこで，現地従業員のチームワークに関する意識について，既存研究にもとづき，次の4つの質問項目を設定した。「部署のメンバーはしばしば互いに調整しながら職務を遂行しなければならない」（Kiggundu, 1983），「私は進んで仕事に関する情報を他の人に共有するようにしている」（Bresó et al., 2008），「私はお互いに協力すべき程度について明白に理解

86

している」(Schaubroeck et al., 1993),「自分の属するチームで達成すべ
き目標について, 私は十分に理解している」(Andrews & Kacmar, 2001)
である。

　図6-6をみると, 自分の仕事は他のメンバーと協力しながら進める必
要があることを認識している従業員は90％超に達していることが分かった。
また, 課業に関して教え合うことへの意識はかなり強く, 93％超が積極的
であった。さらに, 自分に期待されている同僚との協力内容に関しても,
88％が明白に理解していると考えていることが明らかになった。しかし,
自分の属する職場チームで達成すべき目標に関して, 十分理解していると
肯定できる人の割合は比較的少なく, 80％にとどまっている。ネガティブ
な回答が, 他の質問項目と比較して, 多いことが分かる。

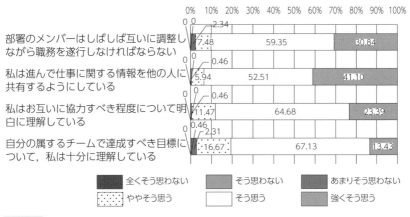

図6-6 チームワーク

(3) 上司とのコミュニケーション

　次に, 上司と部下のコミュニケーションの特性について, 尋ねている。
よいコミュニケーションは, 企業の業績に正の影響を与えることはよく知

られている（Kacmar et al., 2003；Johlke & Duhan, 2000）。チームワークがものづくりに不可欠であるとすれば，上司と部下間の円滑なコミュニケーションは非常に重要である。とりわけ日本人駐在管理者が上司で，現地従業員が部下というケースを想定するならば，互いの考えを理解するためにも，コミュニケーションは欠かせないであろう。

　そこで，具体的なコミュニケーションの手段について把握するために，Kacmar et al.（2003）にもとづき，「直属の上司は，しばしば私と直接顔を合わせて話そうとする」「直属の上司は，しばしば私にメールやテキストメッセージを送ってくる」「直属の上司は，しばしば私に電話をかけてくる」という質問項目を設定した。

　図6-7によれば，顔を合わせての対面式コミュニケーションを上司が好んで活用していることがわかる。他のコミュニケーションツールと比較して一番割合が高く，75％以上が肯定している。次に，メールやテキストメッセージによるコミュニケーションを利用することが多い。この問いについては，56％が肯定している。

　電話については，46％が肯定しており，対面やメールと比較するとかなり割合が低いことが分かる。日本人上司を含めて，直属の上司とのコミュニケーションについては，対面形式がもっとも重視されており，次にメールなどのテキストベースであり，電話によるコミュニケーションについては，比較的なされていないことが分かる。

　日本であれば，部署ごとに内線電話があり，電話でのコミュニケーションがとりやすいが，マレーシアの生産現場においては，そういった設備が整えられていないことが回答結果に影響を及ぼしている可能性もある。

88

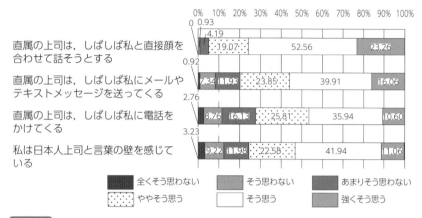

0%   10% 20% 30% 40% 50% 60% 70% 80% 90% 100%
0 0.93

直属の上司は，しばしば私と直接顔を
合わせて話そうとする

直属の上司は，しばしば私にメールや
テキストメッセージを送ってくる

直属の上司は，しばしば私に電話を
かけてくる

私は日本人上司と言葉の壁を感じて
いる

■ 全くそう思わない　　□ そう思わない　　■ あまりそう思わない
▦ ややそう思う　　　　□ そう思う　　　　▨ 強くそう思う

図6-7　上司とのコミュニケーション手段

　現地従業員の職務に対する理解や態度についても質問した。既存研究で
は，部下の職務理解を上司が促進することは，企業全体のパフォーマンス
に影響することが分かっている（Schaubroeck et al., 1993）。しかし，マ
レーシアに進出した中小企業へのインタビュー調査では，「現地従業員に
職務に関する指示がうまく伝わらない」という声を耳にすることが多かっ
た。そこで，職務内容の理解状況を確認したいと考え，3つの質問項目を
設定した。既存研究をもとに，「私は自分の職務について，明確に理解し
ている」（Andrews & Kacmar, 2001），「私は職務における達成目標を明
確に理解している」（Ryan et al., 1999）という質問項目を設定し，「上司
の指示が明確に理解できないときには，必ず確認するようにしている」と
いう質問項目をオリジナルで設定した。日本人駐在管理者へのインタ
ビュー調査で，「自分の指示がわからないとき，現地従業員がなかなか質
問してくれない」という意見も何度か耳にしたからである。「私は必ずミ
スの再発防止策をとっている」もオリジナルで設定した。同じく日本人駐
在管理者へのインタビュー調査で，「現地従業員が同じミスを繰り返す」

という意見があったからである。日本の製造業では，カイゼン活動の影響
もあり，ミスを繰り返さない仕組みづくりが求められているが，そのこと
が現地生産拠点でも浸透しているかどうかを確認したいと考えた。

　図6-8によれば，自分の職務については，明確に理解していると考え
ている人の割合は90％近くあり，かなり高い。しかし，職務における自分
の達成目標の認識に関しては，73％程度にとどまり，どの程度努力すれば
よいのかについて明確に理解しているとはいい難い。

　他方で，指示が理解できないときに必ず上司に確認している割合は，
90％を超えており，日本人駐在管理者としては安心できる数値である。指
示を理解できないまま職務遂行をすることで，余計な手間がかかる可能性
が高いからである。

　また，ミスの再発防止策をとっているかどうかの設問に対しては，93％
を超える従業員が，実施していると答えている。この再発防止策に関して
は，現地従業員自身の意識と日本人駐在管理者が望む「レベル」に関して
ギャップがあることがインタビュー調査からも明らかであり，ギャップの
解消が望まれるところである。

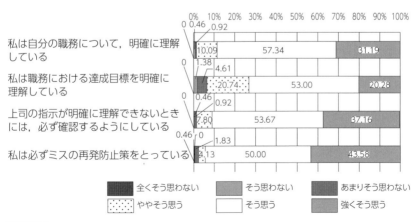

図6-8　業務内容の理解

⑷　待遇や能力開発に関する意識

　次に，現地従業員の待遇や能力開発に関して質問している。報酬や昇進は，個人にとって重要なだけでなく組織のパフォーマンス向上をもたらす（Galbraith & Nathanson, 1978）。また能力開発の機会があることは，従業員のパフォーマンスを向上させるとともに，モチベーションにもつながると考えられている（Dysvik & Kuvaas, 2008）。

　そこで報酬については Schaubroeck et al.（1993）にもとづき，「私はどのように自分の報酬が決まっているかを明確に理解している」，昇進については Johlke & Duhan（2000）にもとづき，「私が昇進するためには，どのような条件が必要かを明確に理解している」という質問を設定した。能力開発については，「現在の仕事において，私は自分のスキルを向上させる機会をもらっている」（van Dam et al., 2008），「私は将来の職務のために何を学ぶ必要があるかを明確に理解している」（Bresó et al., 2008）の2項目を設定した。

　図6-9をみると，自分の報酬がどのように決まっているかに関して明確に理解している従業員は，70％を超える程度であり，他の質問項目と比較しても割合が少ないことが分かる。会社による各従業員の報酬に関する説明が不十分である可能性が考えられる。

　また，昇進条件に至っては報酬よりもさらに割合が低く，明確に理解していると答えた従業員は，64％程度にとどまっている。そもそも昇進意欲が低いから関心がないのか，昇進意欲はあるが，昇進機会についての会社や直属の上司の説明不足なのか，については不明である。

　能力向上の機会については，現地従業員の76％程度が肯定的に捉えていることが分かる。日本人駐在管理者が従業員のスキル向上に注力している会社が多いといえよう。さらに，将来の職務のために何を学ぶ必要があるのかに関しては，79％以上の従業員が明確に理解していると答えており，

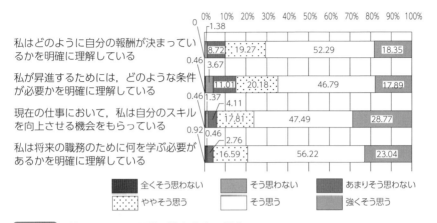

図6-9　待遇に関する認識と能力向上の機会

日本人駐在管理者の努力の成果が出ている可能性がある。

(5)　現地従業員の満足度と企業文化

　次に，従業員の満足度に関連して，仕事への満足度や勤務先の企業への愛着の程度を聞いている。従業員の職務への満足度は，企業のパフォーマンスに影響することが既存研究で明らかにされている。また従業員が企業に愛着を持つことで，従業員の帰属意識が高まれば，会社の目的達成に進んで貢献し，当該企業の離職率も低下すると考えられる（Ostroff, 1992；Shore & Wayne, 1993）。

　そこで「私は自分の仕事に満足している」「私はこの会社で働くことが好きである」（Zhou & George, 2001）という質問項目を設定し，「私は日本企業で働くことが好きである」というオリジナルの項目も追加した。

　図6-10をみると，現地従業員の74%は，自分の仕事に満足していることが分かる。「ややそう思う」まで含めると94%になるため，かなり高い数字だといえる。

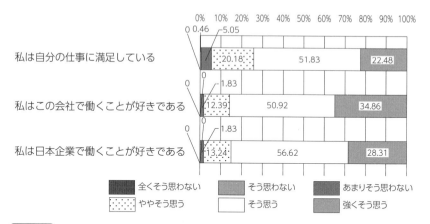

図 6-10　職務満足

　また，自分が勤める会社を気に入っているかという質問に対しては，
85％超の従業員が気に入っていることが分かり，強く気に入っている従業
員も35％近くいることが分かる。さらに，日本企業で働くことを気に入っ
ている従業員が85％もおり，日系企業としてはひとまず現地従業員に好印
象を与えることに成功しているといえるであろう。

　現地従業員への質問項目の最後には，企業文化に関する質問をしている。
企業文化は，企業のパフォーマンスに影響するだけでなく，従業員の満足
度に関連することが知られている（Weitz et al., 1986；Lund, 2003）。

　そこで，Allen & Meyer（1990）の研究成果をベースとして「私の会社
は家族のような雰囲気である」という質問を設定し，日本企業の経営慣行
である長期雇用に鑑み，「私の仕事は雇用が保証されていると思う」をオ
リジナルで追加した。また離職意思についても確認するために，「私はし
ようと思えば，簡単に転職できると思う」（van Dam et al., 2008）という
質問項目を設定した。

　図6-11をみると，現地従業員の71％超が，会社が家族のような雰囲気

であることに賛同している。「ややそう思う」を入れると，95％近いことが分かる。日系企業は，従業員を家族のように大事にしているところが多いことを示しているといえるであろう。

　転職の可能性については，43％が容易であると認識している。マレーシアでは人口規模が他の ASEAN と比較して小さいにもかかわらず，外資系企業の進出も盛んであり，雇用機会が多いことが関係しているかもしれない。最後の雇用保証については，68％の従業員が雇用の安定感を感じており，日本企業の経営慣行が影響している可能性がある。

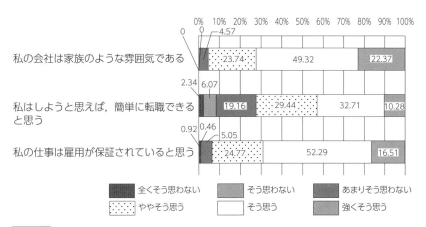

図 6-11　企業文化

6-4　日本人駐在管理者アンケート調査の結果

　次に，日本の中小企業のマレーシア生産拠点に勤務する社長も含めた日本人駐在管理者の回答集計結果を概観する。

(1) 回答者属性

　日本人駐在管理者の男女比については，図 6 -12のようになっており，男性が圧倒的に多い。

　平均年齢は44.27歳であった。海外での平均駐在月数は105.14か月で，マレーシア赴任以前に海外赴任経験がある回答者は30.43％であった。マレーシアでの駐在月数の平均値は94.91か月，つまり 8 年弱となっており，マレーシアでの経験が豊富な駐在管理者が多い。

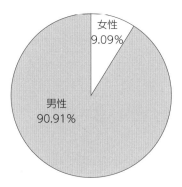

女性
9.09％

男性
90.91％

図 6 -12　回答者の性別

(2) 部下のチームワークに関する見解

　現地従業員[3]である部下のチームワークについて，日本人駐在管理者の見解を尋ねている。現地従業員の回答と比較できるように，類似の質問項目を設定している。

　3　日本人駐在管理者へのアンケート調査の質問項目では，「現地従業員」という表現ではなく「マレーシア人部下」という表現を使用している。厳密には，駐在管理者の現地従業員の部下はマレーシア人だけとは限らず図 6 -2 で示したようにわずかながら外国人が含まれている。マレーシアでは生産現場でもマネジメント層でも，外国人の就労者を積極的に受け入れているからである。マレーシアでの職場環境について回答してもらいたいという意図から，「マレーシア人部下」という表現を使用した。

　図6-13をみると，現地従業員に与えられている仕事については，業務間で調整が必要な業務はそれほど多くないことがみてとれる。「とてもよくあてはまる」「かなりあてはまる」で合わせて35％しかなく，「どちらかといえばあてはまる」まで含めても57％である。個人で完結する作業を割りあてている企業が，半数近くにのぼっているといえるであろう。

　現地従業員が必要な情報を共有していると感じている割合は，「どちらかといえばあてはまる」まで含めれば，78％であり，職場の情報共有は比較的うまくいっているといえよう。部下同士が協力して業務を進めることを具体的に示そうと努力している管理者は，「どちらかといえばあてはまる」まで含めると，78％にのぼり，部下同士の協力関係の構築に前向きな管理者が多い。

　また，現地従業員が自らの役割を認識しているかについては，自信のある管理者が多く，「とてもよくあてはまる」「かなりあてはまる」を合わせると，59％であり，6割近い。「どちらかといえばあてはまる」まで含めれば，82％となる。

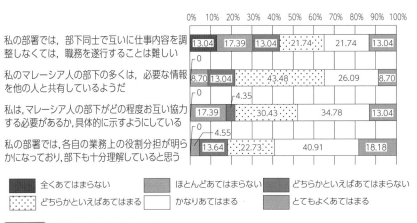

図6-13　部下のチームワーク

⑶ 部下とのコミュニケーション

　続いて，日本人駐在管理者が部下とのコミュニケーションに利用している

ツールを尋ねている。これらの質問についても，現地従業員の回答と比

較できるように類似の内容とした。

　図 6 -14にみられるように，日本人駐在管理者が対面でのコミュニケー

ションを非常に重視していることが明らかとなった。たとえば，対面の活

用について「とてもよくあてはまる」「かなりあてはまる」という回答が

合わせて87％に達しているのに対し，Ｅメールや SNS を利用している割

合は17％しかなく，電話の場合は13％しかない。逆に，Ｅメールや SNS

の伝達を全く利用していない日本人駐在管理者は 4 ％，電話をまったく利

用しない日本人駐在管理者の割合は13％である。

　電話やＥメール，SNS 利用に関しては，日本人駐在管理者が，外国語

を使用して言語のみで正確な伝達をすることに不安を覚えていることも想

定される。対面によるコミュニケーションは，正確に伝えたつもりであっ

ても，伝わっていないことがあり，しかもそれらの指示が記録として残ら

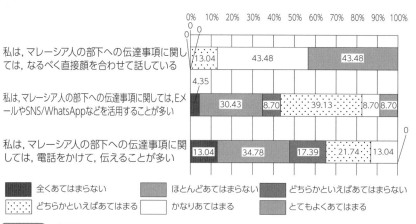

図 6 -14　部下とのコミュニケーション手段

ないことから，対面に頼る日本人駐在管理者のありかたについては検討が
必要であろう。

　続いての質問は，日本人駐在管理者の部下への指示の出し方や，部下に
よる指示の理解，ミスの再発防止の様子を尋ねたものである。これらも現
地従業員の回答と比較できるように，類似の内容とした。

　図6-15をみると，マレーシア人の部下に役割や職務の範囲を明確に伝
えるようにしている日本人駐在管理者の割合は，「とてもよくあてはまる」
「かなりあてはまる」を合わせて，30％にとどまっている。「どちらかとい
えばあてはまる」だけの割合が，48％にのぼっているところをみると，部
下に対して，「あなたの仕事は○○である」といった説明については，明
確にはおこなっていない可能性がうかがえる。

　他方，マレーシア人の部下に職務遂行の方法や手順を明確に伝えている
かについては，「とてもよくあてはまる」「かなりあてはまる」を合わせて，
52％であり，先の質問と比較すると肯定的な回答が多い。

　部下が自分の指示を確認してくれていると感じている日本人駐在管理者

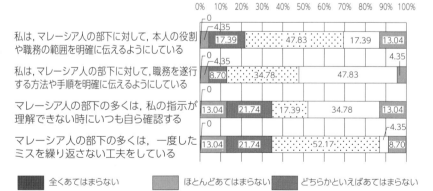

図6-15 部下への業務に関する理解浸透

は，48％と半数近くになるが，他方，「どちらかといえばあてはまらない」
「ほとんどあてはまらない」を合わせた割合も35％とかなり高くなってい
るのが気になるところである。

　ミスの再発防止については，「とてもよくあてはまる」「かなりあてはま
る」を合わせて，わずか13％しか肯定的な回答がなく，「どちらかといえ
ばあてはまらない」「ほとんどあてはまらない」を合わせると，35％とな
る。ミスの再発防止の徹底に苦労している現場が多いことがうかがえる。

(4)　部下の待遇や能力開発

　次の質問群は，マレーシア人部下の報酬やキャリアパスに関する質問で
ある。これらもマレーシア人への質問項目と対比できるように設定してい
る。「私は，マレーシア人の部下の給与額について，その根拠（評価基準）
を明確に説明するようにしている」「私は，マレーシア人の部下に対して，
昇進に必要な基準を明確に説明するようにしている」については，現地従
業員との比較を意識して，同様の質問項目にしている。「私は，マレーシ
ア人部下の給与が彼／彼女の仕事量に見合っていると考えている」「私は，
マレーシア人部下の給与が彼／彼女の仕事上の成果に見合っていると考え
ている」はオリジナルで設定した。日本人駐在管理者が給与額や評価につ
いて，マネジャーとしてどのように認識しているかを確認したいと考えた
ためである。

　図6-16をみると，回答した日本人駐在管理者のうち，給与額や根拠を
明確に説明している割合はかなり低い。「全くあてはまらない」「ほとんど
あてはまらない」「どちらかといえばあてはまらない」という否定的な回
答は，52％にのぼっている。日本人駐在管理者のなかには技術指導のため
に駐在している人も多く，そういったことは自分の職務ではないと考えて
いるかもしれない。

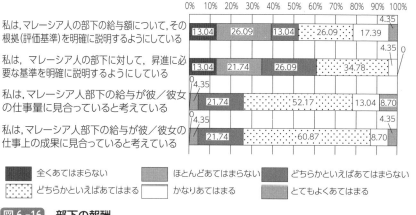

図6-16　部下の報酬

　同様に，昇進に必要な基準についても，「全くあてはまらない」「ほとんどあてはまらない」「どちらかといえばあてはまらない」という否定的な回答が61％となり，先の質問と同様に，昇進についての説明を，自分の職務ではないと考えている日本人駐在管理者が多いことがうかがえる。しかしながら，マレーシア人部下への報酬の根拠や昇進基準の明示は，彼らにとっての仕事のモチベーションに直接つながることであり，検討を要するであろう。

　マレーシア人部下の給与が彼らの「仕事量」に見合っているかどうかについては，「とてもよくあてはまる」「かなりあてはまる」が，22％であり，「どちらかといえばあてはまる」だけで52％である。部下が給料分働いていないのではないかと考えている日本人駐在管理者もある程度いることがうかがえる。

　マレーシア人部下の給与が彼らの「仕事の成果」に見合っているかどうかについては，「とてもよくあてはまる」「かなりあてはまる」が，先ほどよりも下がって，13％であり，「どちらかといえばあてはまる」だけで

61％である。給料分働いていないどころか，その成果もあまり上がっていないと考えている日本人駐在管理者がかなりいることがうかがえる。

　次は，マレーシア人部下の学習機会と職場の人間関係について尋ねている。現地従業員の回答と比較できるように，「私は，マレーシア人の部下に対して，常に学ぶ機会を与えている」「私は，マレーシア人の部下の将来を考えて，今後どのような知識やスキルが必要になるか，伝えるようにしている」という類似の質問項目にした。

　図6-17をみると，マレーシア人部下に対して，学習機会を与えるようにしている日本人駐在管理者の割合は，「とてもよくあてはまる」「かなりあてはまる」「どちらかといえばあてはまる」という肯定的な回答が，78.3％となっているが，次の質問の将来必要な知識やスキルの伝達については，肯定的な回答の合計が70％と若干減っていることが分かる。

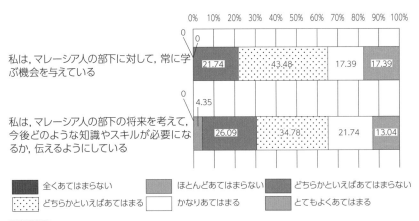

図6-17　部下のキャリアパス

(5)　現地の人々との関係

　日本人駐在管理者が現地での人間関係をうまく構築できているかを明ら

かにするために，「私は，仕事面で，マレーシア人と上手く人間関係（協力関係）が築けていると思う」「私は，職場外でも，マレーシア人と上手く人間関係を築けていると思う」というオリジナルの質問項目を設定した。

　図6-18をみると，仕事面でのマレーシア人との協力関係については，「とてもよくあてはまる」「かなりあてはまる」の合計が30.4％であり，逆に否定的な回答が4％に過ぎないことで，現地生産拠点の人間関係がうまくいっているケースが多いことが分かる。もちろん一朝一夕に築けるような関係ではなく，マレーシアでの歴史が長い企業が多いことから，長年にわたって努力してきた成果であるともいえるであろう。

　自分が職場外でもマレーシア人とうまく人間関係を築けていると考えている人の割合は，「とてもよくあてはまる」と答えた人が，謙遜もあるのか，誰もいなかった。「かなりあてはまる」と答えた人が18％，「どちらかといえばあてはまる」が，41％であるので，肯定的な回答が6割近くにのぼっていることが分かる。しかし，業務上に限った場合には9割以上が，うまく人間関係を築くことができているという回答であったことを踏まえ

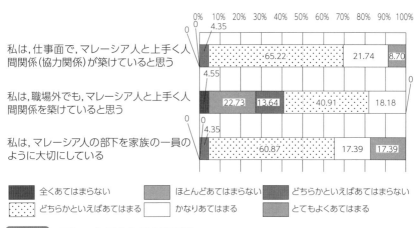

図6-18　マレーシア人との人間関係

ると，職場外については肯定的な回答が少ない。

　「私は，マレーシア人の部下を家族の一員のように大切にしている」という質問項目は，日本的経営の価値観を意識して，オリジナルで設定した。この問いについては，「とてもよくあてはまる」「かなりあてはまる」の合計が，35％であり，逆に否定的な回答が4％と先の質問同様に非常に少ない。現地に進出した日系企業の特徴でもある「家族的な雰囲気」が生じる要因であろう。

(6)　自身の語学力

　続いての質問群は，日本人駐在管理者の語学力に関するものである。日本企業の活動が国際化するにあたって，語学力，特に英語の重要性は従来から指摘されていた（吉原ほか．2001）。技術やノウハウなどを海外子会社に移転する上で，その成否が語学力に左右されるからである。

　中小企業は，大企業と比較すると経営資源に制約があるため，駐在員の派遣前のトレーニングが十分に実施されていない可能性がある。それらを確認するため，「私は，マレーシア渡航前に，十分な語学研修（英語）を受けている」というオリジナルの質問項目を設けた。マレーシアでは，国語はマレー語であるが，ビジネスの場では広く英語が使用されている。

　そこで駐在員の英語能力について測定するために，「私は，英語を聞き取ることに自信がある」「私は，かなり込み入った状況においても，英語で議論することができる」という質問項目を，Takeuchi et al.（2002）を参考にして作成した。

　図6-19をみると，日本人駐在管理者の事前の語学研修については，「どちらかといえばあてはまらない」までの否定的な回答が合わせて91％であり，ほとんどの日本人が事前の十分な語学研修がないままでマレーシアに赴任していることが分かる。この点では，大企業よりも渡航前の支援制度

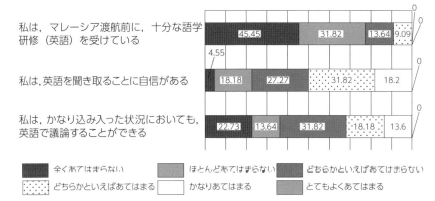

図6-19 **語学力**

が充実していないといえる。

　また，英語のヒアリングスキルに関して自信がある人は少なく，「とてもよくあてはまる」と答えた人は誰もおらず，「かなりあてはまる」と答えた人が18.2％に過ぎない。英語での交渉や議論ができる人になるとさらに少なく，「とてもよくあてはまる」と答えた人はゼロで，「かなりあてはまる」が14％となっている。

　この結果から，語学力に自信がない人が多いにもかかわらず，対面コミュニケーションに頼っているという危うい状況が浮かび上がり，現地従業員との正確な情報共有ができているかについては，疑問が残る。もちろん，通訳を使っている企業もあるが，通訳者が業務の専門用語を適切に通訳できるとは限らない。現地従業員に対する業務上の複雑で込み入った説明に関しては，現地生産拠点の日本人駐在管理者がかなり苦労していることは間違いないであろう。

(7) 現地の文化・歴史への関心

　次の質問群は，日本人駐在管理者のマレーシアへの関心を尋ねたものである。日本企業において，駐在前のトレーニングとして，赴任国の文化や歴史などの一般教養に関する研修をおこなうことは少ないとされている（浅川，2003）。しかしながら赴任後，現地従業員とともに職務を遂行することを考えるならば，現地の言語や文化・歴史を学ぶことは，現地従業員を深く理解する上で役立つ可能性が高い。マレーシアでは，ビジネスの場では一般的に英語が使用されるが，国語はマレー語である。また，ビジネスの場では中華系マレーシア人が多く活躍し，彼・彼女たちの多くは中国語（マンダリン）を解する。そこで「私は，マレー語を勉強することに興味・関心がある」「私は，中国語（マンダリン）を勉強することに興味・関心がある」という質問項目を設定した。

　さらに文化・歴史に関連して，「私は，マレーシアの日常的な慣習や行動様式をよく知っている」「私は，マレーシアの文化や歴史をよく知っている」というオリジナルの質問項目を設定した。

　図6-20をみると，日本人駐在管理者は，マレー語の習得に関しては，あまり積極的ではないようである。「とてもよくあてはまる」「かなりあてはまる」「どちらかといえばあてはまる」までの肯定的な回答は，41％にとどまっている。日常の簡単な会話をマレーシア人従業員とマレー語でかわせることで，親近感や信頼感が増すと考えている日本人駐在管理者もいたが，現状ではそういった管理者は多くないようだ。

　中華系マレーシア人を管理者として活躍させている企業も多いため，中国語の勉強に関心があるかも尋ねている。この質問についてもマレー語と同様の傾向で，肯定的な回答は41％にとどまっている。

　また，マレーシア人の日常的な慣習や行動様式の理解については，「とてもよくあてはまる」と答えた人は誰もおらず，「かなりあてはまる」「ど

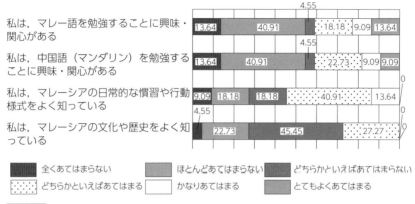

0%　10%　20%　30%　40%　50%　60%　70%　80%　90%　100%

私は，マレー語を勉強することに興味・関心がある｜13.64｜40.91｜4.55｜18.18｜9.09｜13.64

私は，中国語（マンダリン）を勉強することに興味・関心がある｜13.64｜40.91｜4.55｜22.73｜9.09｜9.09

私は，マレーシアの日常的な慣習や行動様式をよく知っている｜9.09｜18.18｜18.18｜40.91｜13.64｜0

私は，マレーシアの文化や歴史をよく知っている｜4.55｜22.73｜45.45｜27.27｜0

■ 全くあてはまらない　　■ ほとんどあてはまらない　　■ どちらかといえばあてはまらない
▦ どちらかといえばあてはまる　　□ かなりあてはまる　　▩ とてもよくあてはまる

図6-20　**現地の文化・歴史への関心**

ちらかといえばあてはまる」と答えた人が多く，55％であった。自分の部下の慣習や行動様式については，半分以上の人がある程度まで理解していることが分かる。

　最後にマレーシアの文化や歴史については，「全くあてはまらない」「ほとんどあてはまらない」「どちらかといえばあてはまらない」という否定的な答えが，73％を占めている。マレーシア人部下の行動には関心はあっても，マレーシア自体に関心があるというわけではなさそうだ。

(8)　仕事への認識

　日本人駐在管理者の満足度については，Zhou & George（2001）をもとに「私は，現在の自分の仕事に満足している」という質問項目を，自身のパフォーマンスに対する自己評価については「私は，マレーシアで管理職として，うまくやっていると思う」というオリジナルの質問項目を設定した。

　図6-21をみると，駐在管理者としての自己効力感に関しては，謙遜もあるのか「とてもよくあてはまる」と答えた人が誰もいなかったが，「か

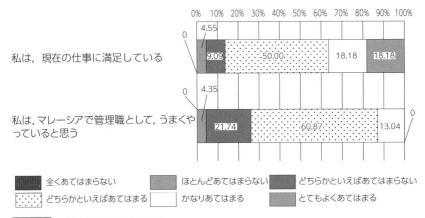

0% 10% 20% 30% 40% 50% 60% 70% 80% 90% 100%

私は，現在の仕事に満足している

0
4.55
9.09　　50.00　　18.18　18.18

私は，マレーシアで管理職として，うまくやっていると思う

0
4.35
21.74　　60.87　　13.04　0

■ 全くあてはまらない　　■ ほとんどあてはまらない　　■ どちらかといえばあてはまらない
▓ どちらかといえばあてはまる　　□ かなりあてはまる　　■ とてもよくあてはまる

図6-21　職務満足と自己評価

なりあてはまる」「どちらかといえばあてはまる」という肯定的な回答が
合わせて7割以上であった。これは好ましい結果であるといえよう。

(9)　現地生産拠点のパフォーマンスに関する自己評価

　日本人駐在管理者が，現地生産拠点のパフォーマンスをどのように評価
しているかを測定するために，「マレーシア現地法人の業績は，同業他社
と比較して，良くなっている（直近3年間）」「わが社のグローバル化のレ
ベルは同業他社と比較して高い」「マレーシア現地法人の製造品質は，同
業他社と比較すると良い方だ」という質問項目をオリジナルで設定した。
　図6-22をみると，現地法人の業績については，同業他社と比較して，
悪くないと答えている割合が，86％にのぼっている。マレーシアでは撤退
している日本企業も多いなかで，調査対象企業は存続していることから，
同業他社と比較して強みがあるとも考えられる。また，グローバル化のレ
ベルについても，肯定的な回答をした割合が，97％にのぼっており，自社
のグローバル展開に関する自信が全体としてうかがえる。

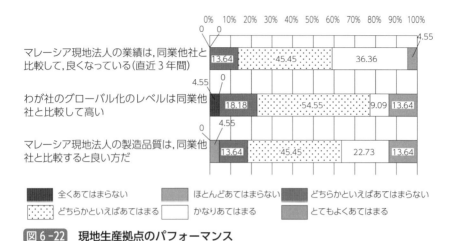

図6-22の図表内のラベル:

0%　10%　20%　30%　40%　50%　60%　70%　80%　90%　100%

マレーシア現地法人の業績は,同業他社と
比較して,良くなっている(直近3年間)
0　13.64　45.45　36.36　4.55

わが社のグローバル化のレベルは同業他
社と比較して高い
4.55　0　18.18　54.55　9.09　13.64

マレーシア現地法人の製造品質は,同業他
社と比較すると良い方だ
0　4.55　13.64　45.45　22.73　13.64

凡例:
全くあてはまらない　　ほとんどあてはまらない　　どちらかといえばあてはまらない
どちらかといえばあてはまる　　かなりあてはまる　　とてもよくあてはまる

図6-22　現地生産拠点のパフォーマンス

　同様に，製造品質についても肯定的な回答割合が，82%になっており，調査先の企業に関しては，自社の操業にかなり手ごたえを感じている企業が多いことが分かった。

　続いての質問群は，日本の製造業の特徴である5SやQCサークルなどの現場力に関わる質問で，「マレーシア現地法人の5S活動（4S，6S）は，うまくいっている」「マレーシア現地法人のQCサークルは，うまく機能している」という項目をオリジナルで設定した。5Sは整理・整頓・清掃・清潔・しつけであるが，調査対象企業によっては4S，6S（習慣を追加）という用語を活用していたため，それらも付記した。

　図6-23をみると，日本本社と比較した現地生産拠点の技術レベルに関しては，肯定的な評価と否定的な評価に分かれている。開発や設計に関しては，日本本社に及ばなくとも，生産現場に関しては，むしろ日本よりも高くなっているという声が聞かれる企業があったため，そういった実情を反映しているといえる。

　5SとQCサークルに関しては，どちらも半数以上がうまく機能してい

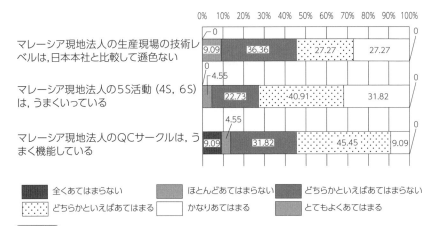

図 6 -23 生産現場の力

ると答えていることから，マレーシア人従業員に現場のものづくりで大切な概念は浸透しつつあるようだ。しかし比較すると，QC サークルの方が否定的な意見も多いことから，カイゼンのためのアイデアを出すことに関してはまだまだ課題があることがうかがえる。

6-5　小括

　全体的に現地従業員と日本人駐在管理者へのアンケート結果からいえることは，現地従業員は，自身では職務理解や達成目標，同僚との協力関係に関してうまくいっていると感じており，日本企業の家族的な雰囲気を気に入り，職務満足も総じて高いと評価している。他方で，日本人駐在管理者は，現地従業員の職務理解やミスの再発防止などにおいて，現地従業員に対してさらに高い水準を要求しており，決して満足しているわけではないことが分かった。しかしながら，日本人駐在管理者としては，現地従業

員の成長を願い，彼らが気持ちよく仕事ができるような環境をつくること
に関して尽力している状況も明らかとなった。

　一方で，次のような懸念点も浮かび上がった。第1に，日本人駐在管理
者は，対面によるコミュニケーションを好んで活用するが，メールや文書
など，後に記録が残る明確な指示をおこなった方がよい場合も考えられよ
う。

　第2に，日本人駐在管理者は，日本や現地で語学に関する事前研修の機
会を得られず，現地の文化や歴史に関心が高い人が比較的少ない。語学力
はもちろんのこと，相手国への関心度が現地従業員とのコミュニケーショ
ンに肯定的な影響を及ぼすのではないだろうか。

　これらの懸念については，第7章でさらに議論を深めていく。

110

表6-1 現地従業員の回答

		平均値	標準偏差
1	部署のメンバーはしばしば互いに調整しながら職務を遂行しなければならない。	5.19	0.67
2	私は進んで仕事に関する情報を他の人に共有するようにしている。	5.34	0.61
3	私はお互いに協力すべき程度について明白に理解している。	5.11	0.60
4	自分の属するチームで達成すべき目標について、私は十分に理解している。	4.91	0.65
5	直属の上司は、しばしば私と直接顔を合わせて話そうとする。	4.93	0.82
6	直属の上司は、しばしば私にメールやテキストメッセージを送ってくる。	4.43	1.17
7	直属の上司は、しばしば私に電話をかけてくる。	4.15	1.24
8	私は自分の職務について、明確に理解している。	5.18	0.68
9	私は職務における達成目標を明確に理解している。	4.86	0.84
10	上司の指示が明確に理解できないときには、必ず確認するようにしている。	5.26	0.68
11	私は必ずミスの再発防止策をとっている。	5.34	0.71
12	私はどのように自分の報酬が決まっているかを明確に理解している。	4.78	0.90
13	私が昇進するためには、どのような条件が必要かを明確に理解している。	4.63	1.04
14	現在の仕事において、私は自分のスキルを向上させる機会をもらっている。	4.97	0.91
15	私は将来の職務のために何を学ぶ必要があるかを明確に理解している。	4.96	0.84
16	私は日本人上司と言葉の壁を感じている。	4.24	1.26
17	私はしようと思えば、簡単に転職できると思う。	4.15	1.17
18	私は自分の仕事に満足している。	4.91	0.82
19	私はこの会社で働くことが好きである。	5.19	0.72
20	私は日本企業で働くことが好きである。	5.11	0.69
21	私の会社は家族のような雰囲気である。	4.89	0.80
22	私の仕事は雇用が保証されていると思う。	4.77	0.87

表6-2　日本人駐在管理者の回答

		平均値	標準偏差
1	私の部署では，部下同士で互いに仕事内容を調整しなくては，職務を遂行することは難しい。	3.61	1.64
2	私のマレーシア人の部下の多くは，必要な情報を他の人と共有しているようだ。	4.13	1.06
3	私は，マレーシア人の部下がどの程度お互い協力する必要があるか，具体的に示すようにしている。	4.22	1.28
4	私の部署では，各自の業務上の役割分担が明らかになっており，部下も十分理解していると思う。	4.55	1.10
5	私は，マレーシア人の部下への伝達事項に関しては，なるべく直接顔を合わせて話している。	5.30	0.70
6	私は，マレーシア人の部下への伝達事項に関しては，E メールや SMS/WhatsApp などを活用することが多い。	3.43	1.38
7	私は，マレーシア人の部下への伝達事項に関しては,電話をかけて,伝えることが多い。	2.87	1.29
8	私は，マレーシア人の部下に対して，本人の役割や職務の範囲を明確に伝えるようにしている。	4.17	1.03
9	私は，マレーシア人の部下に対して，職務を遂行する方法や手順を明確に伝えるようにしている。	4.39	0.89
10	私は，マレーシア人の部下の給与額について,その根拠（評価基準）を明確に説明するようにしている。	3.22	1.48
11	私は，マレーシア人の部下に対して，昇進に必要な基準を明確に説明するようにしている。	2.96	1.15
12	マレーシア人の部下の多くは，私の指示が理解できない時にいつも自ら確認する。	4.13	1.29
13	マレーシア人の部下の多くは，一度したミスを繰り返さない工夫をしている。	3.74	1.05
14	私は，マレーシア人部下の給与が彼／彼女の仕事量に見合っていると考えている。	4.00	0.95
15	私は，マレーシア人部下の給与が彼／彼女の仕事上の成果に見合っていると考えている。	3.87	0.81
16	私は，マレーシア人の部下に対して，常に学ぶ機会を与えている。	4.30	1.02
17	私は，マレーシア人の部下の将来を考えて，今後どのような知識やスキルが必要になるか，伝えるようにしている。	4.13	1.10
18	私は，仕事面で，マレーシア人と上手く人間関係（協力関係）が築けていると思う。	4.35	0.71

19	私は，マレーシア人の部下を家族の一員のように大切にしている。	4.48	0.85
20	私は，マレーシアで管理職として，うまくやっていると思う。	3.83	0.72
21	私は，マレーシア渡航前に，十分な語学研修（英語）を受けている。	1.86	0.99
22	私は，英語を聞き取ることに自信がある。	3.41	1.14
23	私は，かなり込み入った状況においても，英語で議論することができる。	2.86	1.36
24	私は，マレー語を勉強することに興味・関心がある。	3.09	1.69
25	私は，中国語（マンダリン）を勉強することに興味・関心がある。	3.00	1.57
26	私は，マレーシアの日常的な慣習や行動様式をよく知っている。	3.32	1.21
27	私は，マレーシアの文化や歴史をよく知っている。	2.95	0.84
28	私は，職場外でも，マレーシア人と上手く人間関係を築けていると思う。	3.45	1.18
29	私は，現在の自分の仕事に満足している。	4.36	1.05
30	マレーシア現地法人の業績は，同業他社と比較して，良くなっている。(直近 3 年間)	4.32	0.78
31	わが社のグローバル化のレベルは同業他社と比較して高い。	4.05	1.13
32	マレーシア現地法人の製造品質は，同業他社と比較すると良い方だ。	4.27	1.03
33	マレーシア現地法人の生産現場の技術レベルは，日本本社と比較して遜色ない。	3.73	0.98
34	マレーシア現地法人の５Ｓ活動（４Ｓ，６Ｓ）は，うまくいっている。	4.00	0.87
35	マレーシア現地法人のＱＣサークルは，うまく機能している。	3.41	1.05

表6-3 現地従業員の回答（相関）

		1	2	3	4	5	6	7	8
1	部署のメンバーはしばしば互いに調整しながら職務を遂行しなければならない。								
2	私は進んで仕事に関する情報を他の人に共有するようにしている。	0.38**							
3	私はお互いに協力すべき程度について明白に理解している。	0.46**	0.43**						
4	自分の属するチームで達成すべき目標について、私は十分に理解している。	0.33**	0.35**	0.43**					
5	直属の上司は、しばしば私と直接顔を合わせて話そうとする	0.36**	0.31**	0.40**	0.44**				
6	直属の上司は、しばしば私にメールやテキストメッセージを送ってくる	0.37**	0.27**	0.29**	0.28**	0.45**			
7	直属の上司は、しばしば私に電話をかけてくる	0.25**	0.26**	0.28**	0.28**	0.34**	0.57**		
8	私は自分の職務について、明確に理解している	0.23**	0.39**	0.44**	0.46**	0.40**	0.25**	0.27**	
9	私は職務における達成目標を明確に理解している	0.33**	0.33**	0.47**	0.44**	0.39**	0.30**	0.40**	0.57**
10	上司の指示が明確に理解できないときには、必ず確認するようにしている	0.33**	0.34**	0.37**	0.39**	0.23**	0.25**	0.20**	0.33**
11	私は必ずミスの再発防止策をとっている	0.31**	0.36**	0.37**	0.26**	0.25**	0.17**	0.11	0.38**
12	私はどのように自分の報酬が決まっているかを明確に理解している	0.31**	0.39**	0.35**	0.39**	0.25**	0.34**	0.23**	0.44**
13	私が昇進するためには、どのような条件が必要かを明確に理解している	0.34**	0.36**	0.47**	0.43**	0.43**	0.33**	0.27**	0.44**
14	現在の仕事において、私は自分のスキルを向上させる機会をもらっている	0.31**	0.42**	0.41**	0.36**	0.41**	0.23**	0.22**	0.39**
15	私は将来の職務のために何を学ぶ必要があるかを明確に理解している	0.29**	0.40**	0.39**	0.27**	0.44**	0.34**	0.25**	0.41**
16	私は日本人上司と言葉の壁を感じている	0.02	0.04	0.15*	0.03	0.06	0.10	0.05	0.02
17	私はしようと思えば、簡単に転職できると思う	0.04	0.13	0.05	0.11	0.07	0.13	0.15*	0.14*
18	私は自分の仕事に満足している	0.23**	0.35**	0.28**	0.35**	0.31**	0.23**	0.39**	0.38**
19	私はこの会社で働くことが好きである	0.28**	0.42**	0.27**	0.32**	0.33**	0.29**	0.33**	0.33**
20	私は日本企業で働くことが好きである	0.35**	0.41**	0.28**	0.31**	0.32**	0.26**	0.29**	0.31**
21	私の会社は家族のような雰囲気である	0.18*	0.38**	0.30**	0.42**	0.33**	0.30**	0.28**	0.26**
22	私の仕事は雇用が保証されていると思う	0.21**	0.31**	0.27**	0.33**	0.33**	0.35**	0.35**	0.34**

*p<.05，**p<.01

9	10	11	12	13	14	15	16	17	18	19	20	21
0.47**												
0.36**	0.37**											
0.53**	0.42**	0.24**										
0.55**	0.39**	0.24**	0.72**									
0.46**	0.46**	0.25**	0.40**	0.51**								
0.47**	0.37**	0.31**	0.42**	0.49**	0.65**							
0.01	0.05	-0.02	0.08	0.12	0.11	0.04						
0.17*	0.10	0.22**	0.18*	0.12	0.09	0.18**	0.08					
0.39**	0.21**	0.26**	0.31**	0.32**	0.28**	0.21**	0.04	0.21**				
0.31**	0.28**	0.25**	0.33**	0.35**	0.32**	0.37**	0.05	0.12	0.58**			
0.31**	0.27**	0.23**	0.24**	0.28**	0.30**	0.25**	0.02	0.13	0.61**	0.67**		
0.27**	0.31**	0.13*	0.33**	0.33**	0.35**	0.33**	0.13	0.14*	0.42**	0.57**		
0.36**	0.29**	0.16*	0.34**	0.44**	0.45**	0.34**	0.12	0.16*	0.51**	0.56**	0.51**	0.56**

表6-4　日本人駐在管理者の回答（相関）

		1	2	3	4	5	6	7	8	9	10	11	12	13	14
1	私の部署では、部下同士で互いの仕事内容を調整しなくては、職務を遂行することは難しい。														
2	私のマレーシア人の部下の多くは、必要な情報を他の人と共有しているようだ。	0.06													
3	私は、マレーシア人の部下がどの程度お互い協力する必要があるか、具体的に示すようにしている。	0.32	0.18												
4	私の部署では、各自の業務上の役割分担が明らかになっており、部下も十分理解していると思う。	-0.25	0.49*	0.33											
5	私は、マレーシア人の部下への伝達事項に関しては、なるべく直接顔を合わせて話している。	0.11	0.19	0.73**	0.68**										
6	私は、マレーシア人の部下への伝達事項に関しては、EメールやSMS/Whats Appなどを活用することが多い。	-0.04	-0.01	0.18	-0.04	0.00									
7	私は、マレーシア人の部下への伝達事項に関しては、電話をかけて、伝えることが多い。	-0.03	-0.09	0.05	-0.14	-0.10	0.55**								
8	私は、マレーシア人の部下に対して、本人の役割や職務の範囲を明確に伝えるようにしている。	0.10	0.10	0.49*	0.44*	0.43*	0.17	0.02							
9	私は、マレーシア人の部下に対して、昇進に必要な基準を明確に説明するようにしている。	0.14	0.38	0.36	0.67**	0.60**	-0.22	-0.27	0.76**						
10	私は、マレーシア人の部下の給与額について、その根拠（評価基準）を明確に説明するようにしている。	-0.23	0.30	0.50*	0.69**	0.63**	0.06	0.06	0.51*	0.49*					
11	私は、マレーシア人の部下に対して、昇進に必要な基準を明確に説明するようにしている。	0.06	0.27	0.50*	0.57*	0.52*	0.07	0.07	0.43*	0.37	0.76**				
12	マレーシア人の部下の多くは、私の指示が理解できない時にいつも自ら確認する。	-0.02	0.39	0.23	0.40	0.15	0.15	0.28	0.43*	0.31	0.32	0.28			
13	マレーシア人の部下の多くは、一度したミスを繰り返さない工夫をしている。	0.10	0.40	0.38	0.27	0.30	0.14	0.13	0.13	0.11	0.10	0.07	0.63**		
14	私は、マレーシア人の部下の給与が彼／彼女の仕事量に見合っていると考えている。	0.12	0.32	0.19	0.29	0.34	0.00	-0.30	0.05	0.27	0.03	-0.04	0.30	0.59**	
15	私は、マレーシア人の部下の給与が彼／彼女の仕事上の成果に見合っていると考えている。	0.20	0.28	0.12	0.16	0.23	0.09	-0.15	0.14	0.26	-0.13	-0.20	0.23	0.65**	0.88**
16	私は、マレーシア人の部下に対して、常に学ぶ機会を与えている。	-0.12	0.64**	0.30	0.55**	0.37	0.32	0.45*	0.29	0.36	0.32	0.21	0.52*	0.54**	0.14
17	私は、マレーシア人の部下の将来を考え、今後どのような知識やスキルが必要になるか、伝えるようにしている。	-0.27	0.34					0.17	0.54**	.50*	0.36	0.36	0.69**	0.31	0.00
18	私は、仕事面で、マレーシア人と上手く人間関係（協力関係）が築けていると思う。	-0.03	0.24	0.11	0.16	0.05	0.02	0.10	0.04	0.06	0.23	0.07	0.44*	0.49*	0.67**
19	私は、マレーシア人の部下を家族の一員のように大切にしている。	0.01	0.38	0.19	0.30	0.13	0.24	0.52*	0.27	0.28	0.02	0.07	0.44*	0.40	0.00
20	私は、マレーシアで管理職として、うまくやっていると思う。	0.17	0.33	0.24	0.19	0.11	0.45*	0.37	0.35	0.18	0.25	0.16	0.42*	0.42*	0.27
21	私は、マレーシア渡航前に、十分な語学研修（英語）を受けている。	0.11	-0.14	-0.14	-0.10	-0.22	0.32	-0.02	-0.04	-0.29	-0.21	-0.01	-0.15	-0.16	0.04
22	私は、英語を聞き取ることに自信がある。	-0.41	-0.06	-0.04	0.53**	0.27	0.16	0.31	0.18	0.11	0.46*	0.46*	0.52*	0.36	0.23
23	私は、かなり込み入った状況においても、英語で議論することができる。	-0.30	0.00	0.12	0.40	0.29	0.36	0.39	0.30	0.12	0.36	0.42	0.31	0.33	0.15
24	私は、マレー語を勉強することに興味・関心がある。	0.00	0.05	-0.28	-0.31	-0.42*	0.31	0.29	-0.18	-0.36	-0.31	-0.34	0.56**	0.47*	0.33
25	私は、中国語（マンダリン）を勉強することに興味・関心がある。	-0.09	0.15	-0.07	-0.17	-0.13	0.24	0.16	-0.09	-0.22	0.00	-0.21	0.46*	0.54**	0.49*
26	私は、マレーシアの日常的な慣習や行動様式をよく知っている。	-0.26	-0.21	0.03	0.12	0.01	0.37	0.40	0.30	0.15	0.26	0.16	0.59**	0.35	0.07
27	私は、マレーシアの文化や歴史をよく知っている。	0.02	-0.39	0.10	0.05	0.10	0.22	0.21	0.12	-0.11	0.00	0.06	0.36	0.16	0.19
28	私は、職場外でも、マレーシア人と上手く人間関係を築いていると思う。	-0.20	-0.14	-0.14	0.26	0.07	0.26	0.52*	0.05	-0.10	0.11	0.21	0.40	0.36	0.04
29	私は、現在の自分の仕事に満足している。	-0.20	-0.15	0.51*	0.40	0.44*	-0.01	0.09	0.39	0.30	0.32	0.11	0.31	0.38	0.20
30	マレーシア現地法人の業績は、同業他社と比較して、良くなっている。（直近3年間）	-0.10	0.41	0.05	0.42	0.36	-0.22	0.09	0.09	0.35	0.52*	0.14	0.18	0.16	0.33
31	わが社のグローバル化のレベルは同業他社と比較して高い。	-0.41	-0.09	0.23	0.54**	0.34	-0.31	-0.09	0.52*	0.54*	0.44*	0.22	0.47*	0.19	0.00
32	マレーシア現地法人の製造品質は、同業他社と比較すると良い方だ。	-.46*	0.08	0.45*	0.49*	0.48*	-0.01	0.04	0.35	0.34	0.61**	0.34	0.25	0.03	0.08
33	マレーシア現地法人の生産現場の技術レベルは、日本本社と比較して遜色ない。	-.58**	0.11	0.26	0.20	0.25	-0.09	0.11	0.18	0.11	0.45*	0.16	0.10	0.03	0.03
34	マレーシア現地法人の5S活動（4S，6S）は、うまくいっている。	-0.24	0.11	0.26	0.03	0.16	-0.08	-0.17	0.34	0.20	0.44*	0.05	0.09	-0.06	0.00
35	マレーシア現地法人のQCサークルは、うまく機能している。	-0.35	0.03	0.03	-0.01	-0.09	0.04	0.02	0.01	-0.05	-0.05	-0.12	0.24	0.01	0.20

* $p<.05$, ** $p<.01$

15	16	17	18	19	20	21	22	23	24	25	26	27	28	29	30	31	32	33	34
0.21																			
−0.08	0.45*																		
0.55**	0.16	0.11																	
0.03	0.77**	.42*	0.01																
0.35	0.39	0.43*	0.30	0.37															
0.02	−0.11	−0.42	−0.01	0.01	0.09														
0.06	0.26	0.46*	0.30	0.23	0.37	0.09													
0.12	0.35	0.39	0.05	0.41	0.58**	0.20	0.81**												
0.31	0.19	0.05	0.42	0.22	0.27	0.09	0.23	0.09											
0.44*	0.16	0.25	0.43*	0.04	0.49*	−0.06	0.32	0.25	0.81**										
0.09	0.14	0.40	0.19	0.06	0.32	0.20	0.63**	0.52*	0.52*	0.55**									
0.06	0.01	0.11	0.29	0.03	−0.02	0.22	0.37	0.16	0.54**	0.39	0.67**								
0.02	0.32	0.18	0.02	0.45*	0.19	0.34	0.77**	0.72**	0.31	0.20	0.66**	0.40							
0.19	0.15	0.50*	0.20	0.16	0.25	−0.18	0.31	0.37	−0.15	−0.03	0.32	0.23	0.21						
0.23	0.21	0.35	0.30	−0.22	0.32	−0.25	0.22	0.00	0.09	0.47*	0.09	0.10	−0.16	−0.03					
−0.17	0.16	0.75**	0.12	0.30	0.08	−0.38	0.46*	0.28	−0.10	−0.03	0.20	0.15	0.16	0.59**	0.14				
−0.04	0.22	0.64**	0.03	0.09	0.09	−0.57**	0.35	0.30	−0.12	0.21	0.31	0.07	0.09	0.56**	0.30	0.60**			
0.12	0.22	0.42	0.28	−0.09	0.04	−0.48*	0.15	0.11	−0.21	0.09	0.12	−0.24	−0.09	0.47*	0.24	0.40	0.64**		
0.00	−0.06	0.34	0.17	−0.27	0.16	−0.28	−0.14	−0.12	−0.26	0.03	0.00	−0.39	−0.37	0.16	0.21	0.24	0.32	0.55**	
0.00	0.00	0.29	0.25	0.19	0.13	0.24	0.13	0.14	0.11	0.17	0.15	0.08	0.07	0.33	−0.11	0.18	0.07	0.16	0.16

第 7 章

海外生産拠点の組織マネジメント

7-1　はじめに

　本章では，中小企業の海外生産拠点の組織マネジメントについて，特に日本人駐在管理者と現地従業員間のコミュニケーションと組織マネジメントを軸として論じていく。

　われわれはマレーシアで中小企業の生産拠点を訪問し，日本人駐在管理者へのインタビューを重ねてきた。その際，疑問に感じたことは，「なぜ現地従業員に対する評価が，日本人駐在管理者間でこれほど異なるのか」という点であった。「5Sやカイゼンができている」といったポジティブな評価をする日本人駐在管理者がいる一方で，「遅刻，欠勤が多く無責任」といったネガティブな評価をする管理者がいるのはなぜなのだろうか。もちろん現地での操業期間が異なり，製品の違いによって生産現場で要求される業務にバリエーションがあるため，それぞれの事情があるだろう。しかし，日本人駐在管理者の意図が現地従業員にきちんと伝わっているか，現地従業員が自らの職務を理解し円滑な業務遂行をおこなえているかは，両者間のコミュニケーションのありかたに関係すると思われる。

　そこで本章では，将来にわたって中小企業の海外生産拠点におけるマネジメントを成功させるための日本人駐在管理者と現地従業員とのコミュニケーションのありかたを，スキーマ・メタ認知の概念によって考察したい。

　マレーシア生産拠点の職務やコミュニケーションに関わる現状を，定量的な調査と定性的な調査を組み合わせることで立体的に記述するため，第6章で紹介したアンケート調査のデータを用いて，分析を深めていく。ただし現地従業員については，回答者220名のうち，直属の上司が日本人駐在管理者である90名のみを分析対象とし，上司と部下の認識の差異を明確にする。

7-2　コミュニケーションに関する既存研究

　本節では関連する既存研究を，職務に関する認識，異文化におけるコミュニケーション，スキーマとメタ認知の3つのカテゴリーから整理し，本章のフレームワークを明らかにする。

(1)　職務に関する認識

　日本人駐在管理者と現地従業員の間で役割認識のギャップがあることは，日本企業の組織がO型に近く，他国がM型に近いことに起因している（林吉郎，1994）。M型は，経営管理組織において各職務とそれらの相互関係を論理的にデザインし，職務のすべてを配分しきる考えかたで，O型は，円形の「ルーティン化」された部分および技術的に「専門化」された部分が含まれるのみで，その他の職務は，円外の共有部分（グリーンエリアもしくはグレーエリアと呼ばれる）に含まれる（図7-1）。

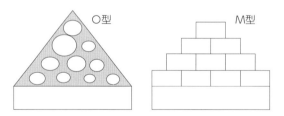

図7-1　O型組織とM型組織（林吉郎，1994）

　たとえば日本では，組織目的を達成するための必要な話し合い・調整はグリーンエリアという共有領域でおこなわれるが，M型に近い組織にいた人材にとっては，こうしたやりかたは不可解である。あいまいな分業や

それにもとづく人事評価は，現地従業員にとっては納得感や透明感を得られにくくなってしまう状況をつくっている（高, 2012；寺本ほか, 2013）。

(2) 異文化におけるコミュニケーション

　海外生産拠点において，現地従業員と緊密なコミュニケーションを図るためには，日本人駐在管理者に高い語学力が求められる。しかし，たとえ語学力が高かったとしても，暗黙の了解や以心伝心による相互理解など，日本がハイコンテクスト文化の国であることが，円滑なコミュニケーションの妨げとなる可能性がある。

　ローコンテクスト文化では，発せられた言語・非言語の中に多くの意味が含まれているが，ハイコンテクスト文化では，意味情報の大半がコンテクストに含まれており，言語的なメッセージだけではその意味を十分くみ取ることが難しいからである（Hall, 1976；林・福島, 2003；Meyer, 2016）。日本企業のハイコンテクスト文化を進出先のローコンテクスト文化に持ち込んでいるにもかかわらず，日本人駐在管理者の語学力レベルが低い場合，現地従業員との円滑な対面コミュニケーションがさらに困難となり，日本人駐在管理者の心理的な負担が重くなる。通訳を雇うケースも多いが，日本語はできるがビジネスができない，あるいは生産現場に精通していない人材を重用してしまうとかえって弊害が出る（寺本ほか, 2013）。

　大企業よりも派遣前に語学研修が不十分である中小企業の日本人駐在管理者が，語学力が不足しているにもかかわらず，ハイコンテクストの文化を持ち込んでしまうと，現地経営で諸問題が生じる可能性が高い（弘中・寺澤, 2020）。

(3)　スキーマとメタ認知

　人は生まれた国や土地の文化，思考の術となる言語による影響，家族や出会った人間関係において経験を積み重ね，独自の有意性体系を構築する。これがスキーマであり，スキーマにもとづいて状況を理解し解釈し行動する。西田（2003）は，異文化コミュニケーション研究において，特定の国や地域で獲得される文化スキーマが，下位レベルの言語スキーマ，役割スキーマ，手続きスキーマによって構成されているという。

　手続きスキーマとは，よく遭遇する状況において，一般的にどのような順序で出来事が流れていくかについての知識で構成される（Manstead & Hewstone, 1995）。西田（2002）は，日本人とマレーシア人の持つ仕事上の手続きスキーマの隔たりは，仕事の指示は「1から10までいわなくてもよい」「明確でなくともよい」と考える日本人駐在管理者に対して，マレーシア人は「明確なものが指示である」と考えること，ホウレンソウや状況共有に関する認識が日本人と比較するとマレーシア人が弱いことから生まれるという。また，日本人は問題の原因を突き止め，次に同様のことが起きないようにしようという意欲が強いのに対し，マレーシア人は比較的現状維持の意識が強く，物事を大きく改変したがらないという。

　こうした手続きスキーマに関して，日本人駐在管理者は，自文化スキーマがあたり前でないことを認識し，現地の従業員との関わりから，日本では必要のなかった職場における工夫，たとえば，指示の出しかたの工夫をすることで，メタ認知を通じた手続きスキーマを獲得することができる。

　役割スキーマとは，さまざまな社会的地位・立場にある人に期待される行動，つまり社会的役割に関する知識の体系である（Manstead & Hewstone, 1995）。西田（2002）によると，日本人駐在管理者が困難を感じるマレーシア人の特徴として，「自分勝手な転職や離職」「仕事への自主性や積極性の欠如」「無責任」をあげている。

　職場に迷惑をかけるからなるべく遅刻や欠勤をしない，という日本人の持つ自文化の役割スキーマは，マレーシア人の持つ比較的ゆったりとした時間の感覚という異文化スキーマと対立するものである。また，日本人の「責任をとる」という感覚も，マレーシア人にとっては，その意味合いが異なり，簡単に自分の責任だとはいえないという（西田, 2002）。

　さらに，日本人が感じる「責任範囲のみの仕事しかしない」というマレーシア人への不満は，責任範囲の限定に関するスキーマ間の矛盾から生まれるものである。先述したハイコンテクスト文化の例として，日本のO型組織は，職務の周辺に個人の責任が明確になっていないグリーンエリアがあり，そこでは，臨機応変に話し合って仕事をこなすので，自分の仕事と他人の仕事の境界があいまいになっている。

　したがって，日本人にとっては，あたり前に身についている自文化の役割スキーマで現実を解釈すれば，マレーシア人の行動は無責任としか映らず，憤りを覚えるのは当然である。自文化スキーマを相対化することで，マレーシア人に適切な職務遂行をおこなってもらう工夫を編み出すプロセスに日本人駐在管理者が積極的なやりがいを感じられれば，メタ認知の獲得が可能になろう。

　言語スキーマの隔たりは，異文化における言語スキーマを吸収することによって，解消される。成功している中小企業の日本人駐在管理者は，英語で職務上の指示を伝えられる語学力を備えるか，日常会話や職務上必要なマレー語を習得して，現地従業員とのコミュニケーションを円滑におこなっていた。

　自国の文化スキーマである自文化スキーマを保持している日本人駐在管理者は，海外生産拠点の運営に際して，自文化スキーマが通用しないことを経験し，現地従業員の持つ異文化スキーマを理解する必要があることに気づく。そして自文化スキーマを相対化すること，すなわちメタレベルで

の認知を通じて，生産拠点の現状を理解し，現地従業員とのコミュニケーションを工夫することで，適切なマネジメントのありかたを模索するようになる。

　既存研究では，海外駐在管理者の個人レベルの成功要因として，「文化適応性」や「幅広い海外出張の経験」があげられているが，適切なマネジメントを実現するためにも，自文化スキーマの相対化ができるかどうかが肝要となる（Harvey et al., 2002）。

(4)　本章のフレームワーク

　以上の既存研究を概観すると，現地従業員とのミスコミュニケーションは，「日本と海外では職務に関する認識が異なること」「日本人駐在管理者の語学力が不足していること」「日本のハイコンテクストな文化を，海外生産拠点に持ち込むこと」などに起因することが分かる。

　そこで図7-2のような研究フレームワークを提示して，定量分析・定性分析を併用した。職務に関する認識や日本人駐在管理者からの職場での

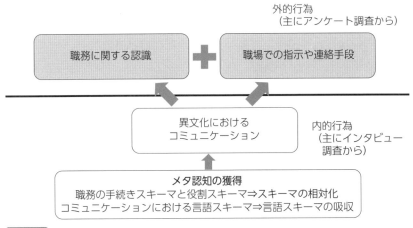

図7-2　本章のフレームワーク

指示や連絡手段に関しては，目にみえる外的行為であり，アンケート調査
による定量分析を，日本人駐在管理者が外からは観察できない内的行為に
よってどのように現地従業員や現地での経営を認識しているかに関しては，
インタビュー調査による定性分析をおこなうことで現地生産拠点のコミュ
ニケーションの課題を考察する。

7-3　マレーシア拠点でのコミュニケーションの現状

　本節では，言語スキーマに関わる日本人駐在管理者の語学力，現地の言
語や文化を学ぶ意欲をはじめ，職務に関しての認識の差異，職場での指示
や連絡手段を，第6章で紹介したアンケート調査にもとづいて分析する。
　職務に関する認識と職場での指示や連絡のための手段については，日本
人駐在管理者と現地従業員の認識の差を観察するため，同様の質問をし，
t検定にて両者の差を比較している。なお，第6章でも言及したように，
日本人は控えめな自己評価をするために，現地従業員と比較すると回答の
平均値が消極的に偏っていること，また中小企業ではコスト面を考慮して
駐在員の数を抑える傾向にあるため日本人駐在管理者のサンプル数が少な
いという分析上の制約がある。
　まず，日本人駐在管理者の語学力（表7-1）と，現地の言語や文化を
学ぶ意欲（表7-2）についてみる。これらの質問項目はすべてオリジナ
ルで作成した。渡航前に十分な語学研修を受けている回答者が少ないのが
特徴的である。英語を聞き取ることにある程度自信を持っている回答者は
多いが，込み入った議論になると英語に不自由を感じているようである。

表7-1　日本人駐在管理者の語学力の現状

	回答のパーセンテージ						平均値
	全くあてはまらない	ほとんどあてはまらない	どちらかといえばあてはまらない	どちらかといえばあてはまる	かなりあてはまる	とてもよくあてはまる	
私は，マレーシア渡航前に，十分な語学研修（英語）を受けている	45.45	31.82	13.64	9.09	0.00	0.00	1.86
私は，英語を聞き取ることに自信がある	4.55	18.18	27.27	31.82	18.18	0.00	3.41
私は，かなり込み入った状況においても，英語で議論することができる	22.73	13.64	31.82	18.18	13.64	0.00	2.86

　マレーシアでは英語が広く通用するが，国語はマレー語であり，企業では中華系マレーシア人が活躍していることもあり，マンダリンの話者も多い。しかし，日本人駐在管理者はこれらの言語を学ぶこと，つまり言語スキーマの吸収への意欲が高いとはいえない。またマレーシアの文化・歴史を学ぶことは，手続き・役割スキーマに関する自文化スキーマの相対化に資すると考えられるが，これについても意欲にやや欠けるようである。

128

| 表7−2 | 日本人駐在管理者の言語や文化を学ぶ意欲 |

	回答のパーセンテージ						平均値
	全くあてはまらない	ほとんどあてはまらない	どちらかといえばあてはまらない	どちらかといえばあてはまる	かなりあてはまる	とてもよくあてはまる	
私は，マレー語を勉強することに興味・関心がある	13.64	40.91	4.55	18.18	9.09	13.64	3.09
私は，中国語（マンダリン）を勉強することに興味・関心がある	13.64	40.91	4.55	22.73	9.09	9.09	3.00
私は，マレーシアの日常的な慣習や行動様式をよく知っている	9.09	18.18	18.18	40.91	13.64	0.00	3.32
私は，マレーシアの文化や歴史をよく知っている	4.55	22.73	45.45	27.27	0.00	0.00	2.95

　職場における指示や連絡のための手段に関する質問は，「対面」「電子メール等の文字」「電話による音声」の３つを取り上げた。特徴的であったのは，日本人駐在管理者が対面をきわめて重視していることである。語学力に不安があるにもかかわらず，対面を重視し，文字でのコミュニケーションをあまり用いていないということであれば，ますます日本人駐在管理者と現地従業員の間で認識の差が広がることになる（表7−3）。

表7-3 職場での指示や連絡のための手段に関する認識の差異

現地従業員への質問	日本人駐在管理者への質問	現地従業員			日本人駐在管理者			平均値の差	t値
		平均値	標準偏差	N	平均値	標準偏差	N		
直属の上司は，しばしば私と直接顔を合わせて話そうとする	私は，マレーシア人の部下への伝達事項に関しては，なるべく直接顔を合わせて話している	4.84	0.91	90	5.30	0.70	23	-0.46	2.25***
直属の上司は，しばしば私にメールやテキストメッセージを送ってくる	私は，マレーシア人の部下への伝達事項に関しては，EメールやSMS/WhatsAppなどを活用することが多い	4.40	1.31	90	3.43	1.38	23	0.97	-3.11***
直属の上司は，しばしば私に電話をかけてくる	私は，マレーシア人の部下への伝達事項に関しては，電話をかけて，伝えることが多い	4.12	1.28	89	2.87	1.29	23	1.25	-4.19***

*$p<.05$, **$p<.01$, ***$p<.001$

　職務に関しての質問項目をみてみると，いわゆるグリーンエリアでの職場での調整，協力の程度，知識のシェアについて，現地従業員自身は「理解している」と考えているが，日本人駐在管理者はそう考えていない。協力が必要ないわゆるグリーンエリアの職務や協力の程度について，両者の認識に隔たりがあると考えられる。また現地従業員は，上司の指示が不明なときに確認していると考えているが，これについても日本人駐在管理者と認識の差がある（表7-4）。

表7-4 職務に関する日本人駐在管理者と現地従業員の認識の差異

現地従業員への質問	日本人駐在管理者への質問	現地従業員			日本人駐在管理者			平均値の差	t値
		平均値	標準偏差	N	平均値	標準偏差	N		
部署のメンバーはしばしば互いに調整しながら職務を遂行しなければならない	私の部署では,部下同士で互いに仕事内容を調整しなくては,職務を遂行することは難しい	5.04	0.74	89	3.61	1.64	23	1.44	-4.08***
私は進んで仕事に関する情報を他の人に共有するようにしている	私のマレーシア人の部下の多くは,必要な情報を他の人と共有しているようだ	5.36	0.66	90	4.13	1.06	23	1.23	-5.30***
私はお互いに協力すべき程度について明白に理解している	私は,マレーシア人の部下がどの程度お互い協力する必要があるか,具体的に示すようにしている	5.08	0.62	90	4.22	1.28	23	0.86	-3.14***
上司の指示が明確に理解できないときには,必ず確認するようにしている	マレーシア人の部下の多くは,私の指示が理解できない時にいつも自ら確認する	5.39	0.58	89	4.13	1.29	23	1.26	-4.58***

*p<.05, **p<.01, ***p<.001

7-4 日本人駐在管理者のメタ認知の獲得と現地従業員の変化

　前節では，言語スキーマに関わる日本人駐在員の言語スキーマの吸収や

手続き・役割スキーマの獲得をはじめ，職務に関しての認識，職場での指示や連絡手段に関する認識の日本人駐在管理者と現地従業員の差異について，データにもとづいて観察した。そこで本節では，日本人駐在管理者のメタ認知の獲得について，インタビュー調査から確認することとする。しかし先述したように，メタ認知の獲得は内的行為であるがゆえに，観察することが非常に困難である。そこで図7-3のようなプロセスを仮定して，日本人駐在管理者のメタ認知獲得を推察することにした。もし日本人駐在管理者がメタ認知を獲得したとすれば，彼・彼女たちの外的行為が変化するはずである。そしてその行為の変化は，現地従業員にも影響を与え，現地従業員のメタ認知獲得につながり，彼・彼女たちの外的行為も変容させる。たとえば日本のものづくりや，経営に理解を示すようになるであろう。そうなると，メタ認知を獲得している日本人駐在管理者と，そうでない駐在管理者では，現地従業員に対する言説が異なってくるはずである。

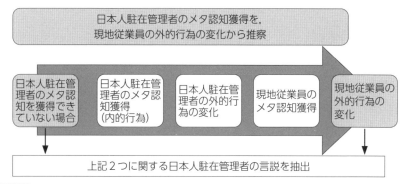

図7-3　インタビュー調査での分析

　まず，手続きスキーマについてみていこう。日本人駐在管理者がメタ認知を獲得できていない場合は，現地従業員の外的行為に変化が起こってお

らず，「（現地従業員には）手取り足取り教える必要がある」「プライドの
高い（現地）従業員は（ミスを）報告しない」「（現地従業員は）いわれた
ままのことはやるが，改善意識が薄い」という言説があった。しかし日本
人駐在管理者がメタ認知を獲得できている場合は，現地従業員の外的行為
に変化が起こっており，「（わが社では）５Ｓに皆で取り組んでいる」「皆
で草むしりや掃除をする」「部署間で生産性や不良率を競争し，モラルが
アップしている」「カイゼンができている」という言説があった。

　次に役割スキーマについては，日本人駐在管理者がメタ認知を獲得でき
ていない場合は，「（現地従業員は）遅刻することが多く，無断欠勤も多
い」「（現地従業員は）転職率が高い」「（現地従業員は）プレッシャーに弱
く，責任をとりたがらない」という言説が聞かれる。しかし日本人駐在管
理者がメタ認知を獲得できている場合は，「マネジャークラスは５年以上
勤めるとまずやめることはない」「（現地従業員が）自発的に研修内容を考
えている」という言説になる。

　言語スキーマについては，日本人駐在管理者がマレー語等の言語スキー
マを吸収できていない場合には，「現地の言葉で取引先や従業員と話せる
ローカルトップが必要」「言葉の壁が大きく，通訳を入れると逆に真意が
伝わらないことがある」「（現地従業員は）日本人とは必要以外に口をきか
ない」という言説が聞かれる。しかし日本人駐在管理者が言語スキーマを
吸収している場合には，「現地従業員が個人的な悩みを相談してくる」「今
起こっている問題，何をすべきなのかを，皆で話して解決策を考えており，
（日本人駐在管理者が）解決に向けて主導しているという感じではない」
という言説になる。

7-5　日本人駐在管理者のメタ認知の獲得が現地従業員に与える影響についての分析

　以上のように，インタビュー調査から日本人従業員がメタ認知を獲得することによって，従業員の行為に変化が起こることが推察できる。最後に，日本人駐在管理者がメタ認知を獲得できている場合とそうでない場合では，部下である現地従業員にどのような差異がでるのかを，試験的に比較してみることとした。具体的には，日本人駐在管理者がメタ認知を獲得できていないA社と，獲得できているB社の従業員の回答の比較である。まず職務に関しては，日本人駐在管理者がメタ認知を獲得しているB社の方が，各項目で高い平均値を示しているが，統計的に有意な差はなかった（表7-5）。

表7-5　職務に関する認識の比較

現地従業員への質問	A社の現地従業員			B社の現地従業員			平均値の差	t値
	平均値	標準偏差	N	平均値	標準偏差	N		
チームメンバーはしばしば互いに協力して仕事を調整しながら進める必要がある	4.71	0.91	14	4.93	0.59	15	-0.22	-0.76
私は進んで仕事に関する知識を同僚に教えるようにしている	5.07	0.59	15	5.47	0.74	15	-0.40	-1.63
職場で期待されている同僚と協力すべき内容について明白に理解している	5.13	0.64	15	5.20	0.68	15	-0.07	-0.30
私は，指示が明確に理解できないときには，必ず上司に確認するようにしている	5.60	0.63	15	5.40	0.51	15	0.20	0.96

*p< .05, **p< .01, ***p< .001

　職場での指示や連絡手段に関しては，日本人駐在管理者がメタ認知を獲得しているＢ社の方が，メールやテキストメッセージなどの文字や，電話などの音声も積極的に活用しており，統計的に有意な差があった（表7-6）。多様な媒体を使用して，現地従業員とコミュニケーションしていることがうかがえる。

表7-6　職場での指示や連絡手段に関する比較

現地従業員への質問	A社の現地従業員			B社の現地従業員			平均値の差	t値
	平均値	標準偏差	N	平均値	標準偏差	N		
直属の上司は，しばしば私と直接顔を合わせて話そうとする	4.73	1.22	15	5.27	0.80	15	-0.53	-1.41
直属の上司は，しばしば私にメールやテキストメッセージを送ってくる	3.40	1.84	15	5.20	0.68	15	-1.80	-3.55**
直属の上司は，しばしば私に電話をかけてくる	3.43	1.60	14	5.00	0.85	15	-1.57	-3.27**

$*p < .05, **p < .01, ***p < .001$

　なお，従業員の満足度など心理的な側面についても，両者の従業員の回答を比較した（表7-7）。その結果，Ｂ社の現地従業員の方が職務満足度が高く，勤務先を家族のようだと感じ，職も保証されていると感じており，経営陣への信頼度が高いことが推察される。つまり日本人駐在管理者のメタ認知獲得は，業務における良好なコミュニケーションだけでなく，現地従業員の満足度や愛着にもポジティブな影響を与える可能性が高く，長期的な効果が期待できる。

表7-7　現地従業員の満足度等に関する比較

現地従業員への質問	A社の現地従業員			B社の現地従業員			平均値の差	t値
	平均値	標準偏差	N	平均値	標準偏差	N		
自分の仕事に満足している	4.73	1.10	15	5.53	0.52	15	-0.80	-2.55*
私の会社は家族のようである	4.93	0.88	15	5.53	0.52	15	-0.60	-2.27*
私は職が保証されていると感じている	4.13	1.25	15	5.40	0.63	15	-1.27	-3.51**

*$p<.05$, **$p<.01$, ***$p<.001$

7-6　小括

　第3章で示したように，Berry et al.（1989）らは，自文化の維持・アイデンティティと異文化への適応・アイデンティティの双方が高いレベルに到達することを「統合」と呼び，もっとも望ましいと主張している。また，Bennett（1986）は異文化センシティビティ発達モデルを提唱し，異文化接触を自文化を相対化し異文化を受容する成長のプロセスと捉え，「統合」を最終段階としていた。この統合は，本章で考察した「メタ認知の獲得」と符合している。

　海外生産拠点における日本人駐在管理者は，異文化におけるコミュニケーションスキルを発達させ，異文化でのものごとの進めかたを理解し，必要に応じて行動の調整もできるようになる段階へと至り，複数の文化の視点から現象を解釈し，行動も調整していた。自文化を相対化し，異文化を理解し，両方の文化を俯瞰的に，メタレベルで認知できることで，日本のものづくりの浸透に成功し，現地従業員の職務満足の向上，上司と部下の信頼関係の構築が可能になるのである。それは日本人駐在管理者の側だけでなく，現地従業員にとってもメタ認知の獲得につながっているにちが

いない。

　本章で明らかになったのは，次の2点である。

　第1に，職務に関する認識が異なる国において，現地従業員とのコミュニケーション不足を解消し，ミスコミュニケーションを減らすためには，「手続きスキーマ」「役割スキーマ」「言語スキーマ」における日本人駐在管理者のメタ認知獲得という内的行為が重要となる。

　第2に，その内的行為にもとづき日本人駐在管理者が現地での管理手法を工夫し試行錯誤することで，現地従業員も徐々に日本的な職務に関する認識（メタ認知）を獲得し，彼／彼女らの外的行為の変化がみられる。その結果，経営全般への良い影響がもたらされる。

第 8 章

生産の国際化から販売の国際化へ

8‒1　国際化と販売活動

　本章では，国際化を通じた中小企業の成長を，販売面から探り，新規顧客の開拓に着目する。機械・金属産業の中小企業は，国内でサプライヤー構造の中に組み込まれており特定の顧客への販売が多いが，海外生産によってこうした顧客への売上依存から脱却できるのだろうか。また新規顧客の開拓は，中小企業の成長にどの程度貢献するのだろうか。こうした問いを，マレーシアに進出して海外生産を行っている中小企業の事例を通じて検討していく。

　第2章でみたように，海外での活動が企業成長につながることは，既存研究で明らかにされている。本章では販売面，特に顧客開拓という視点からそのメカニズムと意義に踏み込みたい。

　日本の中小企業の海外生産拠点における販売活動を扱った研究は，決して多くはない。中小企業の海外生産拠点は，生産機能を果たすために設置されることから，販売機能を期待されていないことも多いからである。しかしながら国内市場が成熟する中で，海外生産拠点が販売機能を持つことは，中小企業の成長にとって極めて大きな意味を持つ。

　海外拠点の販売活動を扱った稀有な研究が日本政策金融公庫（2014）である。この研究では，海外企業の開拓に焦点をあてて欧米系企業とローカル企業に分けて論じている。欧米系企業の開拓については，「本国あるいは日本拠点で取引実績をつくることが有効である」としている。

　しかしわれわれの調査では，日本ではなくマレーシア拠点において欧米系企業からの受注に成功した企業が複数あった。欧米系企業のアジア統括拠点がマレーシアや隣接しているシンガポールにあることも有利に働いている。また日本政策金融公庫（2014）の研究では，欧米系は調達のボ

リュームが大きい傾向にあると指摘されているが，われわれのマレーシアの調査によればボリュームが大きいとは限らず，むしろ高い利益率や長い製品ライフサイクルといった点で，欧米系企業との取引に魅力を感じている企業があった。

　さらに，同研究ではローカル企業の開拓について，「ローカルメーカーのニーズによっては部品の設計や仕様を変更し，製品品質を下げるスペックダウンを行うことも必要となる」とある。しかしマレーシアでの調査によれば，ローカル企業だから求められるスペックが低いと考えている企業はなかった。というのも，マレーシアのローカル企業に納入しても，その最終顧客はヨーロッパやアメリカなど工業先進国の企業だからである。

　また，ローカルの政府系企業へ納入したことで，欧米系企業からの技術力の評価が高まるケースもあった。同研究には，「ローカルメーカーとの取引には代金回収など多くの課題も存在する」という指摘もあるが，日本企業の進出の歴史が長いマレーシアでは，日本の大手企業でも担当者が現地従業員になりつつあり，必ずしも代金回収が早いわけではない。つまりローカル企業に特有の課題とはいい難い。

　以上のように，マレーシアでは取引関係の類型化が複雑になっていることを考慮しつつ，本章では海外での顧客開拓が企業成長にもたらす可能性も含めて整理したい。

8-2　海外生産開始後の顧客開拓

(1)　日本の中小企業とマレーシア進出

　ここでは，われわれが実施した日本とマレーシアでの調査から，4社の事例を紹介する。この4社は，機械・金属産業で，日本の中小企業が

100％出資し，進出から20年以上経過している。複数回のインタビュー調査で詳細を確認できている事例である。

　以下では，「企業概要」「顧客開拓」「マレーシア拠点の役割」に分けて示す。

(2)　C社の事例[1]

①　企業概要

　日本本社は従業員40名（資本金1,800万円）である。マレーシア進出当時は，国内で金属部品の加工を手がけており，電機産業のC-1社，C-2社にブラウン管関係の部品を納入していた。

②　顧客開拓

　1995年にマレーシアで操業を開始し，国内で生産していたC-1社向けの生産を移管した。続いて同じブラウン管分野で，新規に現地の日系企業4社を開拓する。納入地域はマレーシア国内のみならず，シンガポール・タイ・イギリス・アメリカ・中国へと拡大していった。

　その後，マレーシアに進出していた日本の化学メーカーから，パソコン関連部品の受注を獲得したことで，新たな業界の開拓にも成功する。顧客であった現地の日系企業がブラウン管から撤退した後は，同部品がC社の主力分野に成長した。さらに光学，モーター関係の企業からも受注に成功し，ベトナムやインドネシアにも部品を供給するようになった。ローカルの半導体メーカーとも取引をするなど，日系企業以外も開拓しており，イ

1　第1回インタビュー調査を2015年6月4日14時から17時までマレーシア生産拠点にて実施，第2回インタビュー調査を2016年2月17日13時30分から17時までマレーシア生産拠点にて実施した。

ギリスや中国への納入実績がある。

③　マレーシア拠点の役割

　マレーシア進出前は顧客の企業・業界は限られていたが，進出を機に取引する顧客が増え，業界の多様性が生まれることとなった。また同社の部品が使用される最終製品の分野も，ブラウン管からパソコン，デジタルカメラ，スマートフォンへと変化させることができ，製品のライフサイクルの波をうまくカバーできている。最近は車載部品分野も手がけるようになった。

(3)　D社の事例[2]

①　企業概要

　日本本社は従業員75名（資本金5,000万円）である。マレーシア進出当時は，国内で精密加工を手がけており，精密機械系のD-1社やD-2社と取引をしていた。

②　顧客開拓

　日本の市場が縮小してきたと感じて，1994年にマレーシアに進出し，日本で取引のあったD-1社，D-2社への納入を開始した。その後，新規の納入先として運動用具関係，自動車関係，電機関係の日系企業を開拓した。この間に電機関係の一部の顧客が現地の事業を縮小し，そこへの売上が減少するといったことも体験しているが，新規開拓を継続することでカバー

　2　第1回インタビュー調査を2015年6月4日14時から17時までマレーシア生産拠点にて実施，第2回インタビュー調査を2016年2月17日13時30分から17時までマレーシア生産拠点にて実施した。

142

している。

日系企業以外についても精密機械，電子部品，モーターといった分野の新規開拓に成功した。この中には世界的な企業もあり，海外のサプライヤーと競合した末に，Ｄ社の得意技術を活用して受注することができた。海外の企業からの受注は，付加価値の高いものがある一方で，部品サイズが従来経験したものより大型であったり，品質保証の期間が長かったりなどクリアしなければならない課題も多いという。

③　マレーシア拠点の役割

マレーシア生産拠点は，日系企業はもちろん海外の企業を開拓するという役割が大きいという。現在の売上比率は海外企業が６割近くまで高まった。日系企業の比率は減少しているが，新規顧客開拓により売上高そのものは増加している状況である。海外に進出しなかった同業者は廃業している企業も珍しくなく，思い切って進出したことが功を奏したと考えている。

(4)　Ｅ社の事例[3]

①　企業概要

現在，日本本社は従業員820名（資本金8,800万円）である。マレーシア進出当時は，国内では主として自動車部品の熱処理を手がけていた。

②　顧客開拓

1996年に自動車部品の主要顧客がマレーシアに進出したことがきっかけ

3　第１回インタビュー調査を2015年３月13日に13時30分から16時30分までマレーシア拠点にて実施，第２回インタビュー調査を2017年２月27日11時から12時までマレーシア拠点にて実施した。

で，進出した。進出後にアジア通貨危機が起き，撤退を検討したことも
あったが固定費用削減と顧客の新規開拓でのりきった。

日系企業では，自動車関係のほかに，多くの電機関係の企業を開拓して
いる。また日系企業以外の開拓にも積極的に取り組み，自動車関係，医療
関係，文具関係の新規開拓に成功したほか，マレーシア政府の業務も受注
している。ヨーロッパの企業は取得が必要な認証も多く，要求水準，品質
保証が厳しいと感じている。ローカル企業も最終顧客がヨーロッパの企業
である場合には，同様に厳しい品質を要求してくる。

③ マレーシア拠点の役割

進出当初にメインだった自動車関係は売上の３割程度となり，顧客の業
界が多様化している。また売上の３割近くを日系以外の企業が占めるよう
になっている。マレーシア進出により電機関係の顧客を開拓でき，海外企
業との取引を増加させることができた。

(5) Ｆ社の事例[4]

① 企業概要

日本本社は従業員85名(資本金5,000万円) である。マレーシア進出当時，国
内では主として電機関係や文具関係でスプリングの精密加工を手がけていた。

② 顧客開拓

1990年に顧客である電機メーカーとの取引がきっかけで，進出した。し

---

4 第１回インタビュー調査を2015年５月７日10時から12時までマレーシア生産拠点にて実施，
第２回インタビュー調査を2016年２月15日10時から12時５分までマレーシア生産拠点 にて実
施，第３回インタビュー調査を2017年３月２日11時から11時30分までマレーシア生産拠点にて
実施した。

かし当該顧客からの受注は，進出後に大きく減少し，さらにアジア通貨危機の打撃を受け，厳しい経済状況が続いた。2011年頃から本格的な改革に着手し，その1つが新規顧客の開拓であった。

　現在は，電機関係で新たに日系企業をいくつも開拓しているほか，ローカル企業，フィリピン，シンガポール，タイなどにも納入している。新規の業界についても，日系の電子部品関連やローカル企業の医療関係部品などを手がけるようになった。取引関係も複雑化し，ローカル企業を経由したアメリカやヨーロッパの企業への納入などの場合は，最終顧客と直接打ち合わせをおこなうこともあるという。

③　マレーシア拠点の役割

　マレーシア拠点は成長し，現在は顧客も90社以上に増加し，売上比率は日系企業が6割弱となっている。利益面でも日本本社に貢献しているほか，国内では手がけなくなった量産のノウハウ維持・向上の役割もマレーシア拠点が担っている。

⑹　事例の特徴

　マレーシアに進出した中小企業は，事例で紹介した企業も含め，進出時には日本で取引していた既存顧客に納入していたところが大半である。しかし進出後に数々の世界的不況にみまわれ，顧客のマレーシア拠点の縮小や撤退にも直面した。進出時に頼りにしていた顧客に依存できなくなるという厳しい状況となり，撤退を選択する中小企業もあった。しかし事例として取り上げた4社は海外生産を継続し，マレーシア拠点にて独自の新規顧客開拓を進めた。具体的には，新たな日系企業を開拓するだけでなくローカルや他の海外企業も開拓している。またこれまで取引していた業界だけでなく，新たな業界も開拓した。

　こうした新規顧客開拓は，マレーシア国内だけがターゲットではないことに留意する必要がある。東アジア・東南アジアをはじめとする諸外国にも納入しており，相手先は日系企業の場合も，それ以外の場合もある。たとえばマレーシア拠点が展示会等に出展して新規顧客にアプローチする際に，マレーシア以外の近隣の諸外国の企業も対象としており，営業活動の地域も広がっているのである。

8-3　顧客開拓が与えた影響

　新規の顧客開拓は，これらの中小企業に売上面以外にも以下の3つの効果をもたらした。

(1)　新規顧客開拓による技術の応用可能性の拡大

　第1に，新たな顧客からの依頼・要望をきっかけとして，自社が持つ技術の応用可能性を拡大できた。新規の顧客からは，これまでの受注にはなかった新たな要求が多くあり，それがきっかけで自社技術の応用可能性が拡大している。その分野は，製品技術・製造技術・生産管理の多岐にわたっていた（図8-1）。

　製品技術面でみるならば，これまでとは異なる業界の顧客に納入するために，新たな部品を開発することになる。F社では，ローカル企業からの受注を獲得した際に，製造設備も含めて新たな部品を開発している。また同じ業界でも異なる顧客を開拓するためには，部品の仕様変更が必要になる場合もある。D社は同じ業界で日系以外の企業を開拓したときに，サイズや精度の大幅な仕様変更をせまられた。

　製造技術面でみるならば，既存の加工技術を応用する必要がある。C社

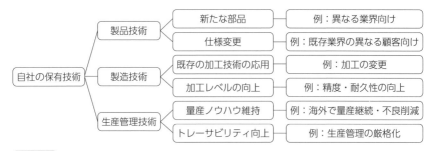

図8-1 顧客開拓で実現した自社技術の応用可能性の拡大

では，顧客のニーズによっては従来の経験だけでは対応できないこともあるため，本社もまじえて加工方法を検討したり，新たな生産設備を導入しているという。また，E社は新たな日系以外の企業との取引で，加工レベルをさらに向上させる必要があったという。

　生産管理面でみるならば，F社ではマレーシア拠点で不良削減のノウハウが蓄積され，前述したように，本社ではあまり手がけなくなった量産ノウハウを維持し向上させる役割を担っている。D社はヨーロッパの企業と取引するなかで，トレーサビリティの厳格化を求められるようになった。

　このように新規の顧客を開拓することで，受注内容も多様化し，自社技術を応用できる機会が広がったのである。こうした応用可能性の拡大はマレーシア拠点だけの力ではなく，日本本社の開発・設計の支援を受けるなど企業全体での取り組みで実現できることもある。逆に，マレーシア拠点が本社の生産機能を補完できるなど，双方がメリットを享受できるのである。

⑵　多様な顧客との関係構築と中小企業の自立

　マレーシア生産拠点で新規の顧客を開拓したことで，事例で紹介した中小企業は特定顧客への売上依存から脱している。日本国内では中小企業同士の競争が激しく，新規の顧客を獲得することが難しい。系列やグループ

内取引も以前よりは制限が少なくなったとはいえ，顧客の競合相手にあた
る会社への納入が難しい場合もある。しかし海外拠点を持つことにより，
同業他社へのアプローチがしやすくなる。

　さらに，日系企業に限らず世界的な優良企業との取引を実現した企業も
出てきた。これは日本の中小企業がトップレベルの企業の技術的要求に応
えられるという証左になる。また事例企業では，これまでとは異なる新規
業界への納入も実現している。顧客と限定的・受動的な関係にあっては，
自社技術を活用する機会が限定される。しかし新規顧客を開拓していくこ
とで，さまざまな要望に応えることになり，応用可能性が広がっていく。
応用可能性が拡大すれば受注できる部品や加工もさらに広がり，それが顧
客との交渉力の源泉となる。つまり，中小企業自身が主体的に顧客を選ぶ
ことができるようになり，自立に近づくという好循環が生まれる（図
8-2）。

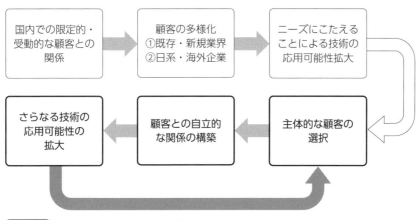

図8-2　顧客との関係と中小企業の自立

(3)　製品ライフサイクルの否定的影響の回避

　事例で取り上げた企業では，日本で取引していた業界だけでなく，新た
な業界の顧客も開拓している。これは製品ライフサイクルの経営への影響
を軽減することにつながる。たとえば当初納入していた業界・製品分野の
衰退により売上が減少しても，他の業界と取引していれば売上をカバーす
ることができる。海外企業の開拓も，日本の大企業の盛衰に左右されにく
いという効用がある。自社の技術を活用して，日本の大企業が強い分野だ
けでなく海外企業が強い分野に納入することも，長期的な意味で中小企業
の自立と安定に結びつくと考えられる。

8‒4　国際化の深化に向けて

(1)　生産の国際化と販売の国際化

　海外生産によって高まる可能性で注目すべきなのは，日本企業「以外」
の顧客を獲得できることである。海外の企業にも門戸を広げることで，自
社技術を最大限に活用して売上を拡大するチャンスが広がる。

　機械・金属産業で海外生産している中小企業に多くみられるのは，生産
が国際化しても販売が国際化していないという傾向である（図8‒3）。つ
まり海外においても，日本の企業を顧客とし，国内と同様のサプライヤー
構造に組み込まれてしまうのである。われわれの企業調査の中で，「現地
に進出している中小企業は，従来から取引している日系企業からの待ちの
営業をしていることが多いのではないか」という意見もあった。日系企業
からの受注がなくなると売上が確保できなくなり，日本人駐在員をおくコ
ストが支出できなくなり，撤退という流れになってしまう。しかし事例で
あげた企業は，日系企業にこだわることなく，自社の技術が活用できる顧

客を海外企業も含めて開拓していた。

　本書でマレーシアとともに着目しているベトナムは，日本企業進出の歴史がマレーシアと比較して浅い。そのため，進出している日本の中小企業は，現時点では低コストを目的にベトナムで生産することが多く，現地での顧客開拓にはまだ積極的ではない。しかしベトナムが経済発展していったときにも同じことを継続していては，将来リスクを抱えるかもしれない。マレーシアで販売の国際化に成功した中小企業から学ぶ意義は大きいと考えられる。

	販売先が日本企業		販売先が海外企業
生産拠点が日本	Ⅰ　国内生産		Ⅱ　輸出で対応
生産拠点が海外	Ⅲ　生産拠点の国際化	ギャップ ⟹	Ⅳ　生産と販売の国際化 （マレーシアが示した可能性）

図 8 - 3　生産の国際化と販売の国際化

(2)　販売の国際化に向けて

　図8-3で示した生産を国際化したⅢの段階と，販売を国際化したⅣの段階では大きなギャップがある。このギャップを埋めるためには，次の2点における「組織マネジメント」の工夫が求められる。

　販売の国際化にむけて取り組むべきことの1点目は，現地従業員の登用である。日本企業は一般的に現地従業員の登用が遅れているといわれているが，特に営業については早急に強化すべきであろう。多くの中小企業は現地責任者として，日本人の生産・品質管理の専門家を派遣することが多い。営業の機能を現地従業員がカバーできれば，効率的な分業になる。

　海外企業の開拓に成功している事例の中小企業では，現地従業員の営業担当者が活躍している。マレーシアで育ってきた彼・彼女ならではの親類・友人・地縁といったネットワークが活用できるからである。こうした

ネットワークの中に駐在する日本人が入り込むことはかなり困難である。また，現地従業員が活躍するのはローカル企業に対してだけではない。アメリカ・ヨーロッパの企業は現地従業員の登用が進んでいることから，日本の中小企業が現地従業員を登用すれば，マレーシア人の担当者同士で商談を進めることもでき，交渉も成立しやすくなる。事例で取り上げた企業でも，日本人従業員が思いもつかないような企業に現地従業員が積極的にアプローチして，商談を成立させたというケースが複数存在した。

　確かに，現地の日系企業の顧客は日本人の担当者を好む場合もあるだろう。しかしそれにこたえるために営業の担当者を日本人中心にすると，商機を見逃すことになる。また，日本の大企業も徐々に現地従業員が調達責任者になってきたことから，現地従業員の営業職が活躍するフィールドはますます広がっているという。現地従業員の営業職が活躍するためには，第7章で考察した日本人駐在管理者のメタ認知の獲得が欠かせない。

　販売の国際化に向けて取り組むべきことの2点目は，第3章でも議論した日本本社の「内なる国際化」である。優秀な現地従業員に長く勤務してもらうためには，マレーシア拠点の人事制度のみを整えるだけでは限界がある。現地従業員の待遇・昇進において，派遣される日本人駐在者と差がないように，本社と海外拠点の人事制度の共通化などを進める必要があるだろう。これにより現地従業員が「自分はこの会社の一員だ」という意識を強く持つことになり，コミットメントも得られやすくなる。また日本本社も，日頃から従業員に外国語の修得を奨励したり，異なる文化の理解を促進したり，従業員に世界の業界トレンドを認識させるなどして，「内なる国際化」を通じて国際感覚を高める必要がある。

　たとえば事例で紹介した企業の多くは，海外で開催される展示会を新規の顧客開拓のきっかけとして活用していた。展示会には，技術動向を把握したり，競合他社の動向を把握したりという役割を以前は期待していたが，

最近は新規開拓に威力を発揮するという。展示会に出展するたびに成約の機会を得たという企業もあるほどである。背景には，世界の大企業の調達担当者が，サプライヤーを探す場として展示会を活用しているという事情がある。つまり，日本の中小企業が自社の技術を世界に披露する場として展示会が機能しているのである。アメリカやヨーロッパだけでなく，アジア各国で開催される展示会でも十分な機会が見込めるため，積極的に活用していくべきであろう。

　海外の展示会出展にはそれなりの費用がかかるが，本社の「内なる国際化」が進み，意識が向上していれば，出展の意思決定がしやすい。また展示会に参加する各国の調達担当者は，現地の従業員であることが多い。現地従業員を登用することで，展示会での商談もスムーズになるのである。

8−5　小括

　厳しい経済環境をくぐり抜けてきたマレーシア進出の中小企業の歴史を紐解くと，日本の中小企業が海外生産を契機として，自社の技術を最大限活用して顧客を開拓し，自立できる可能性を高めてきたことが分かる。事例で取り上げた企業は，従来から取引のあった日本の特定顧客に売上を依存できなくなる状況のなかで，積極的に新規顧客開拓に努めていた。進出時に納入していた業界だけでなく，異なる業界からの受注も獲得し，製品のライフサイクルによる影響を軽減することに成功している企業もあった。また日系企業だけでなく，ローカル企業を含めた海外の企業にも積極的に接触していた。

　本章では，生産における国際化に取り組んだ中小企業が次に目指すべき方向性が販売の国際化であることを明らかにした。現地の日系企業の顧客

152

や慣れ親しんだ業界に固執せずに，国際競争力のある企業を顧客として開拓することで売上をより安定させることができる。国内のサプライヤー構造から脱し，世界の企業に自社の技術を売り込むことが，既存技術を最大限に活用することにもつながる。マレーシアの調査事例から，日本の中小企業が世界で認められる高い技術力を保持していることが確認できた。そのポテンシャルを今後ますます活かすべきであろう。

　自社の技術を活用して顧客の高い要求レベルに応えることで，技術力をさらに高めるという好循環を作り出す上でも，販売の国際化は威力を発揮する。そのためには海外の展示会活用や，現地従業員の現地でのネットワークや知見を活用した顧客開拓といった地道な努力が必要となる。またそうした努力に合わせて，現地従業員への権限委譲を進め，本社の「内なる国際化」を進展させるという組織マネジメント面の取り組みが求められる。

第　　　章

複数国展開に向けて

9-1 中小企業の特性を生かした国際化

　本書を結ぶにあたって，中小企業の特性を活かした国際化についてまとめてみたい。

　中小企業は，1）経営資源に制約がある，2）組織が小規模である，という形式的特徴を持つ。たとえば中小企業基本法では，中小企業を資本金・従業員数で規定しているが，ここからは資金的制約，従業員数の制約という点で中小企業の特性が判断できる。

　この2つの形式的制約はマネジメントに影響する。資金的制約は，国際化にあたっては投資規模の制約になり，従業員への Off-JT での教育に資金や時間をかけづらいという点につながる。一方で，従業員規模が小さいということは，従業員間の密なコミュニケーションが可能になり，1人の従業員が担当できる仕事の種類が多くなる。また経営者がオーナー（大株主）であることが多いことから，トップダウンでの迅速な意思決定が容易になり，それは環境変化に柔軟に対応しうることを意味する。

　こうした特徴をみてみると，中小企業は国際化において大企業と比較して不利な点が多い一方で，大企業では実現が難しいメリットも享受できることが分かる。われわれが本書で強調したいのは次の4点である。

　第1に，中小企業は「内なる国際化」を大企業よりも進めやすいといえる。第4章でみたように，外国人を受け入れている全事業所数のうち61.4％が30人未満規模の事業所というデータもある（厚生労働省, 2022）。また中小企業では，経営者の理念が現場で共有されやすく，外国人にとって魅力的な職場となっていることも指摘されている（経済産業省, 2016）。企業内での配属が柔軟にできるため，外国人の強みを活かせる部署に配属し，成果をあげれば高く評価することでモチベーションを高めていること

や，長期休暇の取得など，外国人従業員の個別事情に配慮した社内制度を整備していることも分かっている。

　第2に，中小企業は海外拠点の運営に際して，長期的な経営方針を持って臨むことができる。オーナーが経営者を兼ねることが多く，海外拠点のマネジメントにも積極的に関わることから，拠点運営に対して長期的な方針を構想し，実施できるのである。大企業の場合には数年おきに人事ローテーションで海外拠点のトップが交代するのが通例である。駐在期間のうちに実績をあげなくてはならない場合もあり，どうしても目標が短期的になる。後任の日本人駐在経営者が全く異なる方針をとることも珍しくなく，方針の継続性が保てないだけでなく，それが現地従業員のモチベーションを下げてしまうこともある。また日本の大企業の場合には，駐在からの帰任者が帰国後に海外業務とは全く関係のない業務についてしまうことも珍しくなく，新たに赴任した日本人駐在管理者にとっては，前任者からのサポートも期待できないことがある。しかし，中小企業の場合には，本社の組織が小さいことから，理念や経営方針も海外拠点に浸透させやすく，また長期的に方針を維持しやすく，駐在する日本人経営者によって方針が大きく異なるということは稀である。駐在者が帰任しても，国際化のスペシャリストとして出張等で再度現地拠点を訪問することも多いため，現地従業員との関係を長期的に保つことができる。その意味で，現地従業員に安心感を与えられる。

　第3に，海外拠点の日本人駐在管理者と現地従業員の間の心理的な距離がより近いといえる。中小企業の場合，通訳を雇用する費用を削減するために，日本人駐在管理者がローカルの言語を学ぶことが多いからである。直接会話することで，コミュニケーションが密になるため，現地従業員登用に際しても，放任はせずに，適度な距離感をもって担当者に任せることができる。第6章でもみたように，マレーシアの現地従業員は勤務してい

る職場の家族的雰囲気を高く評価している。これも組織が小さな日本の中小企業にとって有利にはたらくと推察され，定着率に貢献すると考えられる（Hironaka & Terazawa, 2019；寺澤, 2020）。

　第4に，中小企業は現地従業員の登用を積極的に進めることができる。日本企業の国際化の特性として，人の現地化すなわちローカルの社長と従業員による経営といったマネジメントの国際化が，大企業でさえ他国と比較して遅れていると指摘されてきた（吉原, 1992；古沢, 2008）。しかし中小企業の場合にはこの「人の現地化」を進めやすいのである。というのも，従業員数の制約で海外拠点に多くの日本人従業員を駐在させることが難しいからである。われわれの調査でも，日本人駐在管理者が1，2名というところは珍しくない。つまり現地従業員を登用してマネジャーとして活躍してもらわざるを得ないのである。現地従業員の登用は，第8章で述べたように，「販売の国際化」を進める上で，強力な武器になる。

　また，中小企業は現地従業員の登用だけでなく，定着の政策も実施しやすい。たとえばわれわれがインタビュー調査した企業では，ジョブホッピングを防止するために，キャリアパスを明示している企業があった。給与面で大企業に劣ったとしても，昇進の機会を与えたり昇給の頻度をあげることで，結果的に金銭面で報いることができるように工夫している企業もあった。

　もちろん，大企業と比して，中小企業が国際化に際して不利な面があることも否めない。

　中小企業は資金的制約により，一度海外に拠点を設立すると，そこからの撤退は容易ではない。サンクコストが重くのしかかるからである。しかしながら，われわれのマレーシアでの調査によれば，中小企業はマレーシアでの経済危機に幾度も直面しているが，安易な撤退もできないからこそ，現地生産拠点を維持するために「販売の国際化」に挑戦し，生き残ること

ができていた。

　また同じく資金的制約により，海外赴任のためのトレーニングを実施し
にくいという点も，中小企業のデメリットであろう。しかしながらインタ
ビュー調査した企業では，日本本社の日本人従業員にまだ若いうちから海
外拠点に出張に行かせたり，短期派遣で海外の生産拠点を経験させるなど，
将来の海外拠点の経営者候補を育成しようと工夫しており，資金的制約の
デメリットを克服しようとしていた。

9‐2　複数国展開という次のステージへ

　海外拠点設立が企業成長にポジティブな影響を与えるのだとすれば，1
つの国ではなく複数国に進出することによって，さらにその効果は高まる
可能性があるだろう。企業の複数国への進出は，国際経営の分野を中心に
以前から扱われてきた（吉原ほか, 1988）。しかし，これらは大企業を想
定した議論である。こうした大企業を対象とした研究は，資金や人員に制
約のある中小企業にそのまま適用できるとは限らない（寺岡, 2013）。
　「中小企業」の「複数国への進出」については，Eriksson et al.（2014）
を除いてはほとんど扱われてこなかった。彼らは複数国展開を議論してい
るが，販売拠点も含めて議論しており，海外生産を中心に扱っているわけ
ではない。経営資源に制約のある中小企業にとっては，複数国への進出は
負担が重い面がある一方で，一国への集中投資よりはリスク分散ができる
とも考えられる。
　たとえば第8章で取り上げた事例の4社ではマレーシアの海外生産を経
験した後に，他の国にも進出しているという特徴があった。C社はタイ・
中国・インドネシア・メキシコへ，D社は中国・タイへ，E社は中国・メ

キシコへ，F社は中国・タイに進出して海外生産をおこなうようになった。

　4社のマレーシア進出後の事業は，決して順風満帆だったとはいえない。度重なる国際的な経済危機や顧客のマレーシアでの事業縮小や撤退に直面し，苦労を重ねている。それにもかかわらず，4社が他の国でも海外生産することを決断した理由として，インタビューでは以下のような点があげられていた。

　第1に，マレーシアで新規顧客開拓に成功したことが，他国へ展開する際の自信になっている。4社ともその後の海外進出において，現地で自ら積極的に顧客を開拓する方針で臨んでいた。つまり，海外拠点ごとに独立して採算をとるつもりで進出しているのである。

　第2に，現地法人設立のプロセスについての経験を蓄積している。国によって法人設立の法制度等は異なるが，土地や工場の準備，従業員の採用など，流れは類似している。複数国に展開するにつれてノウハウが蓄積されるとともに，海外生産に対する経営者や管理者・従業員の心理的障壁が低くなるという。

　第3に，ビジネスで英語を使うことに抵抗がなくなる。日本人駐在員の英語力が向上し，他の国でビジネスの交渉をする上でも言語の障壁が下がっていく。

　第4に，多民族国家であるマレーシアで，さまざまな民族や宗教と接することにより，異文化への適応能力が鍛えられている。中国語を話す中華系マレーシア人の従業員が中国や台湾・香港へのビジネス展開に活躍したり，マレー語を話すマレー系従業員が類似言語であるインドネシアとのビジネスに活躍したりすることも多いという。

　第5に，最初の海外進出をきっかけとして，日本本社で「内なる国際化」が進み，複数国進出にはずみをつけている。

　以上を総括すると，中小企業の複数国展開の効果は図9-1のように整

理できる。先述した第1の点は，販売・技術面に関連する。複数国に進出して各国で新しい顧客を獲得できれば，自社の技術を応用するチャンスもますます増える。第2，第3，第4，第5の点は，人材・組織面に関連する。マレーシアでの経験が，次に展開する国での人材・組織のマネジメントにも好影響を与えている。このように，事例の4社では，複数国に展開するにしたがい，販売・技術面，組織面のそれぞれが充実し，企業成長の好ましいループが生まれたと考えられる（図9-1）。

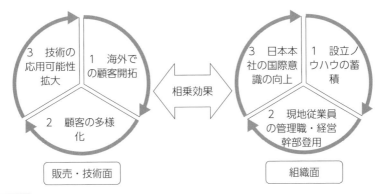

図9-1　**複数国展開による中小企業の成長**

　販売・技術面に関していえば，各拠点で顧客開拓をすることで，企業の国籍も業種も異なるさまざまな顧客に納入することになる。それぞれの顧客のニーズに応えるために，日本本社も含めて新たな工法開発や部品設計に取り組むことになる。そうやって守備範囲が広がれば，さらに受注できる内容も増え，顧客開拓のチャンスがより大きくなる。また，ある海外拠点で開拓した顧客と，別の海外拠点でも取引するといった拠点間の連携も生まれる。たとえばマレーシアで開拓した顧客と，インドネシアでも取引するといったようなことである。

　組織面においても同様である。複数国に進出することで海外子会社の運営ノウハウを蓄積できる。本書で紹介した企業の進出先はアジア地域がメインであるため，応用もしやすかったと推察できる。国は違えどローカルの管理者を育成・登用する経験も着実に蓄積できることから，ローカル従業員が拠点のトップにまで昇進しているケースも複数みられた。中小企業は資金だけでなく人員も限られているゆえに，複数国進出にあたって，駐在員として派遣できる日本人従業員の数も限定される。そのため，いかにして現地の管理職を育成し，経営幹部に登用できるかが鍵になると考えられる。

　拠点が増えれば，日本人従業員の出張機会や，海外拠点のサポート業務も増え，日本本社の国際意識も向上しやすくなる。インタビュー調査では，複数国に進出することで，経営判断がしやすくなるという意見もあった。たとえば日本とX国の状況を比較するだけでは，どちらが特殊なのかが不明であるが，日本とX国とY国の３か国を比較することで，業界動向なども相対的に判断しやすくなるというのである。

　当然のことながら，図9-1で示した販売・技術面と組織面には相乗効果が生まれる。たとえば，現地従業員の管理者・経営者への登用は，現地の市場で新規の顧客を開拓する上で有利になる。逆に海外での顧客開拓や顧客の多様化は，日本本社の内なる国際化を推し進める要因となるであろう。

9-3　残された課題

　最後に，本書に残された課題をあげたい。

　第1に，われわれは精力的に中小企業の生産拠点を調査してきたが，1

つの中小企業の国際化のプロセスを長期にわたって観察することはできなかった。本書では，中小企業の国際化のプロセスを，「内なる国際化」「内なる国際化からの海外進出」「生産の国際化と組織マネジメント」「販売の国際化」「複数国展開」といった流れで整理し，議論してきた。しかしながら，1つの中小企業のプロセスを経時的に観察して得られた考察ではない。「内なる国際化」を進め，複数国展開にいたるまでには，10年から20年という長い時間を要すると考えられる。1つの事例を長期間にわたって観察し，ミクロな経緯を詳らかにすることができれば，中小企業に資するより具体的・実践的な示唆が導き出せるのではないかと考えている。

　第2に，海外拠点の展開先としてASEANのなかでもマレーシアとベトナムにほぼ限定して観察している点である。前者は日本企業の進出が古くから進み，経済発展が著しい多民族・多文化社会，後者は日本からの進出が近年著しく増えた経済成長著しい国という対照的な存在ではあるが，他の国への海外進出の状況と，モデルの応用については言及できていない。われわれは，マレーシアにおいては複数国展開する中小企業をいくつも観察し，ベトナムでは技能実習制度による「内なる国際化」を契機とした海外拠点設立をいくつも観察している。しかし，これらが他の国でも同様な状況であるかは，時間をかけて調査・分析していかなければならない。

　第3に，中小企業の日本本社でのダイバーシティが，国際化に与える影響もさらに精緻に検討する必要があるであろう。中小企業の国際化は，国内では異文化を受容し，海外拠点においては現地従業員を登用していくことで効果をあげられるが，それには，日本での組織成員のダイバーシティが影響を与える可能性がある。たとえば日本本社において，若者，女性，高齢者，障がい者といった多様な人材を受け入れ活躍させる土壌がもともと備わっていれば，外国人も活躍しやすく「内なる国際化」を進展させやすいのかもしれない。

　以上の課題を踏まえ，われわれは今後も，激変するグローバル化した経済の中で生き残りをかけて新たな顧客や市場を開拓し，技術力と組織力を高めていく日本の中小企業の調査と検証を進めていきたいと考えている。

参考文献

＜欧文献＞

Allen, N. J., & Meyer, J. P. (1990). The measurement and antecedents of affective, continuance and normative commitment to the organization. *Journal of Occupational Psychology*, 63(1), 1-18.

Andrews, M. C., & Kacmar, K. M. (2001). Confirmation and Extension of the Sources of Feedback Scale in Service-Based Organizations. *Journal of Business Communication*, 38(2), 206-226.

Barrett, A., McGuinness, S., O'Brien, M., & O'Connell, P. (2013). Immigrants and employer-provided training. *Journal of Labor Research*, 34(1), 52-78.

Bell, J., McNaughton, R., & Young, S. (2001). "Born-again global" firms: An extension to the "born global" phenomenon. *Journal of International Management*, 7(3), 173-189.

Bennett, M. J. (1986). A developmental approach to training for intercultural sensitivity. *International Journal of Intercultural Relations*, 10(2), 179-196.

Berry, J. W., Kim, U., Power, S., Young, M., & Bujaki, M. (1989). Acculturation attitudes in plural societies. *Applied Psychology*, 38(2), 185-206.

Bresó, I., Gracia, F. J., Latorre, F., & Peiró, J. M. (2008). Development and validation of the team learning questionnaire. *Comportamento Organizacional E Gestao*, 14, 145-160.

Dostie, B., & Javdani, M. (2020). Immigrants and workplace training: Evidence from Canadian linked employer--employee data. Industrial Relations: *Journal of Economy and Society*, 59(2), 275-315.

Dunning, J. H. (1993), *Multinational enterprises and the global economy*, Wokingham, Berkshire Addison Wesley.

Dysvik, A., & Kuvaas, B. (2008). The relationship between perceived training opportunities, work motivation and employee outcomes. *International Journal of Training and Development*, 12(3), 138-157.

Eriksson, T., Nummela, N., & Saarenketo, S. (2014). Dynamic capability in a small global factory. *International Business Review*, 23(1), 169-180.

Galbraith, J. R., & Nathanson, D. A. (1978). Strategy implementation: *The role of structure and process*. West Publishing Company.

Ghemawat, P. (2001). Distance still matters. The hard reality of global expansion. *Harvard Business Review*, 79(8).

Hall, E. T. (1976). *Beyond culture (1st ed.)*. Anchor Press.

Harvey, M., Novicevic, M. M., & Kiessling, T. (2002). Development of multiple IQ maps for use in the selection of inpatriate managers: a practical theory. *International Journal of Intercultural Relations*, 26(5), 493-524.

Hironaka, C., & Terazawa, A. (2019). The challenges of managing cross-cultural employees of Japanese manufacturing SMEs in Malaysia: Raising employees' learning consciousness. *Journal of Small business and Innovation*, 22(3), 93-101.

Johanson, J., & Vahlne, J. E. (2009). The Uppsala internationalization process model revisited: From liability of foreignness to liability of outsidership. *Journal of International Business Studies*, 40(9), 1411-1431.

Johanson, J., & Wiedersheim-Paul, F. (1975). The Internationalization of the firm — Four Swedish cases. *Journal of Management Studies*, 12(3), 305-322.

Johlke, M. C., & Duhan, D. F. (2000). Supervisor communication practices and service employee job outcomes. *Journal of Service Research*, 3(2), 154-165.

Kacmar, K. M., Witt, L. A., Zivnuska, S., & Gully, S. M. (2003). The interactive effect of leader-member exchange and communication frequency on performance ratings. *Journal of Applied Psychology*, 88(4), 764-772.

Kiggundu, M. N. (1983). Task interdependence and job design: Test of a theory. *Organizational Behavior and Human Performance*, 31(2), 145-172.

Kim, Y. Y. (2001). *Becoming intercultural: An integrative theory of communication and cross-cultural adaptation*. Sage Publications.

Lund, D. B. (2003). Organizational culture and job satisfaction. *Journal of Business & Industrial Marketing*. 18 (3), 219-236.

Manstead, A.S. R., & M. Hewstone (Eds.) (1995) *The Blackwell Encyclopedia of Social Psychology*, Blackwell.

Meyer, E. (2016). *The culture map: Decoding how people think, lead, and get things done across cultures*. Public Affairs.

Ostroff, C. (1992). The relationship between satisfaction, attitudes, and performance: An organizational level analysis. *Journal of Applied Psychology*, 77(6), 963-974.

Ryan, A. M., Chan, D., Ployhart, R. E., & Slade, L. A. (1999). Employee attitude surveys in a multinational organization: Considering language and culture in assessing measurement equivalence. *Personnel Psychology*, 52(1), 37-58.

Sarasvathy, S., Kumar, K., York, J. G., & Bhagavatula, S. (2014). An effectual approach to international entrepreneurship: Overlaps, challenges, and provocative possibilities. *Entrepreneurship Theory and Practice*, 38(1), 71-93.

Schaubroeck, J., Ganster, D. C., Sime, W. E., & Ditman, D. (1993). A field experiment testing supervisory role clarification. *Personnel Psychology*, 46(1),

1-25.

Shore, L. M., & Wayne, S. J. (1993). Commitment and employee behavior: Comparison of affective commitment and continuance commitment with perceived organizational support. *Journal of Applied Psychology*, 78(5), 774-780.

Takeuchi, R., Yun, S., & Russell, J. E. A. (2002). Antecedents and consequences of the perceived adjustment of Japanese expatriates in the USA. *The International Journal of Human Resource Management*, 13(8), 1224-1244.

van Dam, K., Oreg, S., & Schyns, B. (2008). Daily work contexts and resistance to organisational Change: The role of leader-member Exchange, Development climate, and change process characteristics. *Applied Psychology*, 57(2), 313-334.

Weitz, B. A., Sujan, H., & Sujan, M. (1986). Knowledge, motivation, and adaptive behavior: A framework for improving selling effectiveness. *Journal of Marketing*, 50(4), 174-191.

Yashima, T. (2002). Willingness to communicate in a second language: The Japanese EFL context. *The Modern Language Journal*, 86(1), 54-66.

Zhou, J., & George, J. M. (2001). When job dissatisfaction leads to creativity: Encouraging the expression of voice. *Academy of Management Journal*, 44(4), 682-696

＜和文献＞

浅川和宏. (2003). 『グローバル経営入門』日本経済新聞社.

足立文彦. (1994). 中小企業のアジア進出―成功の条件と失敗の原因. 商工金融, 44(7), 26-40.

天野倫文. (2009). 東アジアへの直接投資と企業成長のマネジメント―代替型から成長型への転換. 新宅純二郎・天野倫文（編）, 『ものづくりの国際経営戦略―アジアの産業地理学―』55-79. 有斐閣.

石塚二葉. (2018). ベトナムの労働力輸出 ―技能実習生の失踪問題への対応―. アジア太平洋研究, 43, 99-115.

石原享一. (2005). 中小企業の対中進出と現地適応. 中小企業季報, 1, 08-15.

伊藤解子. (2014). 北九州市の産業観光の課題. 都市政策研究所紀要, 8, 1-20.

伊藤靖徳. (2003). 愛知中小製造業の海外展開と産業集積の変容. 愛知大学中部地方産業研究所, 2002, 25-39.

井上忠. (2015). 中小企業の海外事業展開による人材確保・育成についての課題. 商大ビジネスレビュー, 4(3), 19-30.

大木清弘. (2017). 『コア・テキスト国際経営』新世社, サイエンス社.

大重史朗. (2016). 外国人技能実習制度の現状と法的課題：人権を尊重する多文化

166

社会構築にむけた一考察．中央学院大学法学論叢，29(2)，281-299.

小川英次・中小企業総合研究機構．(2003)．日本の中小企業研究：1990-1999．同友館．

河崎亜洲夫．(1989)．産業構造調整下での中小企業の現状と課題─大企業の国際化戦略の変化と下請部品工業．産業学会研究年報，4，21-39.

グェン・ティ・ホアン・サー．(2013)．日本の外国人研修制度・技能実習制度とベトナム人研修生．佛教大学大学院紀要．社会学研究科篇，41，19-34.

久保田典男．(2007)．生産機能の国際的配置─中小企業の海外直接投資におけるケーススタディ．中小企業総合研究，6，43-61．http://ci.nii.ac.jp/naid/40015412322/ja/

黒瀬直宏．(2022)．「戦後日本の中小企業発展の軌跡」渡辺幸男・小川正博・黒瀬直宏・向山雅夫．『21世紀中小企業論：多様性と可能性を探る（第4版）』有斐閣，122-151.

経済産業省．(2016)．「内なる国際化」を進めるための調査研究報告書．経済産業省．

高　瑞紅．(2012)．中国における日系中小企業の人材マネジメント：コア人材の育成と確保を中心に，『国際ビジネス研究』第4巻1号，145-159.

厚生労働省・文部科学省．(2022)．令和3年度大学等卒業者の就職状況調査．https://www.mhlw.go.jp/content/11805001/000939599.pdf

厚生労働省．(2022)．「外国人雇用状況」の届出状況まとめ（令和4年10月末現在）．

国際協力銀行．(2021)．わが国製造業企業の海外事業展開に関する調査報告．https://www.jbic.go.jp/ja/information/press/press-2021/1224-015678.html

国際人材協力機構．(2020)．外国人技能実習制度とは．http://www.jitco.or.jp/ja/regulation

小松原尚．(2012)．インバウンドの拡大と産業観光．奈良県立大学研究季報，22(2)，23-68.

下請企業研究会．(1986)．国際化の中の下請け企業─下請け企業をめぐる諸問題と下請振興基準．01-182．通商産業調査会

柴原友範．(2019)．中小企業の急速な国際化における外部専門家の支援プロセス─組織慣性の自制と同調による信頼構築のメカニズム─．組織科学，53(1)，18-36.

商工中金調査部．(2018)．中小企業の海外進出に対する意識調査．

清晌一郎．(2016)．『日本自動車産業グローバル化の新段階と自動車部品・関連中小企業─1次・2次・3次サプライヤー調査の結果と地域別部品関連産業の実態』社会評論社．

関智宏．(2014)．日本中小企業のタイ進出の実際と課題─ネットワーキングとビジネスの深耕─．日本型ものづくりのアジア展開─中小企業の東南アジア進出と支援策─中小企業の東南アジア進出に関する実践的研究 2013年度報告書，109-132.

高井透，神田良．(2012)．ボーン・アゲイン・グローバル企業の持続的競争優位性

に関する研究．情報科学研究，21，5 -32.

瀧澤菊太郎・中小企業事業団中小企業研究所．(1985)．『日本の中小企業研究 第 1
巻 成果と課題（第 1 巻）』．有斐閣.

田口直樹．(2013)．中小企業のグローバル化と事業領域の拡大—金型産業を事例と
して．商工金融，63(1)

竹内英二，平井龍大．(2017)．中小企業の成長を支える外国人労働者—「外国人材の
活用に関するアンケート」から．日本政策金融公庫調査月報，106，4 -15.

丹下英明．(2009)．中国の日系メーカーにみられる自動車部品サプライヤー・シス
テムの特徴—日本国内のサプライヤー・システムとの比較．日本政策金融公庫論
集，2，19-35.

丹下英明．(2015)．中小企業の海外展開に関する研究の現状と課題—アジアに展開
する日本の中小製造業を中心に．経済科学論究，12，25-39.

中小企業基盤整備機構．(2014)．平成15年度中小企業海外事業活動実態調査.

中小企業庁．(2019)．『中小企業白書—令和時代の中小企業の活躍に向けて（2019
年版）』．日経印刷.

中小企業金融公庫．(2008)．中小自動車部品サプライヤーによるグローバル供給体
制の構築—アジア市場を中心としたケーススタディ．中小公庫レポート，2008
(4)，1 -83.

寺岡寛．(2013)．中小企業とグローバリゼーション．財団法人中小企業総合研究機
構編『日本の中小企業研究 2000 - 2009 第 1 巻 成果と課題』301-323．同友館.

寺澤朝子．(2019)．グローバルマネジャーの認知—意思決定—行為サイクルに関す
る一試論—異文化コミュニケーションの視点から．経営情報学部論集，34(1)，
141-159.

寺本義也，廣田泰夫，高井透，海外投融資情報財団．(2013)．『東南アジアにおけ
る日系企業の現地法人マネジメント：現地の人材育成と本社のあり方』．中央経
済社.

中沢孝夫．(2012)．『グローバル化と中小企業』．筑摩書房.

中原寛子．(2020)．中小製造業における外国人技能実習制度活用の現状と課題—精
密加工中小企業の事例をもとに．商工金融，70(11)，36-51.

中村秀一郎，小池洋一．(1986)．『中小企業のアジア向け投資—環境変化と対応』．
アジア経済研究所.

西田ひろ子．(2002)．『マレーシア，フィリピン進出日系企業における異文化間コ
ミュニケーション摩擦』．多賀出版.

西田ひろ子．(2003)．『日本企業で働く日系ブラジル人と日本人の間の異文化間コ
ミュニケーション摩擦』．創元社.

日本政策金融公庫．(2014)．海外メーカー開拓に取り組む中小企業の現状と課題—
アジア新興国で欧米系・地場メーカーとの取引を実現した中小自動車部品サプラ

168

イヤーのケーススタディ. 日本公庫総研レポート, 3, 1-113.

日本貿易振興機構. (2019). アジア・オセアニア進出日系企業実態調査.

弘中史子. (2019). 人手不足下での企業成長＝中小製造業の海外生産を軸として（2018年度日本学術振興会第 118 委員会委託研究 人手不足と中小企業経営（中）). 商工金融, 69(7), 6-20.

弘中史子, 寺澤朝子. (2017). 中小企業の海外生産と人材・組織力―先行研究の整理と今後の課題. 彦根論叢, 412, 4-16.

弘中史子, 寺澤朝子. (2020). 海外生産で成長する中小企業の組織マネジメント. 日本政策金融公庫論集 48, 37-61.

浜松翔平. (2013). 海外展開が国内拠点に与える触媒的効果―諏訪地域海外展開中小企業の国内競争力強化の一要因. 日本中小企業学会『日本産業の再構築と中小企業 日本中小企業学会論集』, 32, 84-96.

林上. (2016). 産業観光の成立の可能性と愛知県における産業観光事例の考察. 日本都市学会年報, 50, 67-77.

林吉郎. (1994). 『異文化インターフェイス経営―国際化と日本的経営』. 日本経済新聞社.

林吉郎・福島由美. (2003). 『異端パワー―「個の市場価値」を活かす組織革新』. 日本経済新聞社.

古沢昌之. (2008). 『グローバル人的資源管理論―「規範的統合」と「制度的統合」による人材マネジメント』. 白桃書房.

村上敦. (1994). わが国中小企業の海外直接投資―アジアの経済発展とわが国の役割―. 小林靖雄編, 『企業の国際化と経営』71-83. 同友館.

守屋貴司. (2018). 外国人労働者の就労問題と改善策（特集 グローバル化と労働市場：マクロ・ミクロの影響). 日本労働研究雑誌, 60(7), 30-39.

山本聡, 名取隆. (2014). 国内中小製造業の国際化プロセスにおける国際的企業家志向性（IEO）の形成と役割―海外企業との取引を志向・実現した中小製造業を事例として. 日本政策金融公庫論集 (23), 61-81.

吉原英樹. (1992). 『日本企業の国際経営』. 同文舘出版.

吉原英樹. (1996). 『未熟な国際経営』. 白桃書房.

吉原英樹・林吉郎・安室憲一. (1988). 『日本企業のグローバル経営』東洋経済新報社.

吉原英樹・澤木聖子・岡部曜子. (2001)『英語で経営する時代―日本企業の挑戦』有斐閣.

米田公丸. (1997). 「我が国の海外直接投資と技術移転」東洋大学編『21世紀の国際社会における日本（Ⅱ）』東洋大学.

渡辺幸男. (1997). 『日本機械工業の社会的分業構造―階層構造・産業集積からの下請制把握』. 有斐閣.

渡辺幸男・周立群・駒形哲哉編著（2009）.『東アジア自転車産業論─日中台における産業発展と分業の再編』慶應義塾大学出版会.

索　引

172

【著者略歴】

弘中　史子（ひろなか　ちかこ）

1995年　名古屋大学大学院経済学研究科博士後期課程満期退学
1997年　滋賀大学経済学部に赴任
2009年　名古屋大学にて，博士（経済学）号を取得

現職　中京大学総合政策学部　教授

主な著書　『中小企業の技術マネジメント　競争力を生み出すモノづくり』中央経済社，2007年

寺澤　朝子（てらざわ　あさこ）

1995年　名古屋大学大学院経済学研究科博士後期課程満期退学
2012年　名古屋大学にて，博士（経済学）号を取得

現職　中部大学経営情報学部経営総合学科　教授

主な著書　『個人と組織変化—意味充実人の視点から—（改訂版）』文眞堂，2012年
　　　　　『ホテル・ホスピタリティの探求』五絃舎，2021年

弘中・寺澤によるこれまでの共同研究

「日本の中小製造業と Industry4.0：研究動向と今後の課題」（2022）『中部大学経営情報学部論集』36（1・2），43-55.

「日本人駐在管理者と現地従業員間のコミュニケーションに関する一考察」（2022）『日本経営学会誌』（49），36-45.

「中小企業における「内なる国際化」と社員の国際意識向上に関する試論」（2022）『彦根論叢』No.430，74-87.

「海外生産で成長する中小企業の組織マネジメント」（2020）『日本政策金融公庫論集』（48），37-61.

"The Challenges of Managing Cross-Cultural Employees of Japanese Manufacturing SMEs in Malaysia: Raising Employees' Learning Consciousness"

(2019)，*Journal of Small Business and Innovation* 22(3)，93-101.

「中小企業の海外生産と人材・組織力」(2017)『彦根論叢』(412)，04-16.

「中小企業のグローバル化に関する一考察—マレーシア製造拠点の組織力の分析を通じて—』(2016)『中部大学経営情報学部論集』30(1・2)，65-87.

「Kotozukuri for the Ideal Organization ; The Case Study of Company X」(2014)，*Journal of Strategic Management Studies*，6(2)，17-26.

「中小企業のグローバル化と組織的対応—マレーシアでの海外生産を事例として」(2016)『経営学論集』(07)，1 - 8 .

「モノづくりの現場を支える自動車産業のミドル・マネジメント」(2013)『経営学論集』(83)，01-11.

「組織変化のプロセスにおけるトップと組織メンバーの役割—中小企業の認識ギャップの解消をめざして—」(2004)『グローバリゼーションと現代企業経営』千倉書房（日本経営学会編）

『21世紀型優良企業に向けた組織変革の試みとその課題—中小企業の事例を中心として—（マネジメント・ビュー8）』(2003) 中部大学産業経済研究所

中小企業の国際化
■■「内なる国際化」から「複数国展開」へ

2023年12月20日　第1版第1刷発行

著　者　弘　中　史　子
　　　　寺　澤　朝　子
発行者　山　本　　　継
発行所　㈱中央経済社
発売元　㈱中央経済グループ
　　　　パブリッシング

〒101-0051　東京都千代田区神田神保町1-35
電　話　03(3293)3371(編集代表)
　　　　03(3293)3381(営業代表)
https://www.chuokeizai.co.jp
印刷／東光整版印刷㈱
製本／㈲井上製本所

©2023
Printed in Japan